U0942879

最后的伊甸园

走进神秘的南太平洋群岛

斐济　汤加　大溪地　瓦努阿图　塞班

马欣　西西◎著

世界知识出版社

图书在版编目（CIP）数据

最后的伊甸园：走进神秘的南太平洋群岛 / 马欣，西西著．—北京：世界知识出版社，2017.9

ISBN 978-7-5012-5600-6

Ⅰ．①最…　Ⅱ．①马…　②西…　Ⅲ．①南太平洋－群岛－介绍

Ⅳ．① P723

中国版本图书馆 CIP 数据核字（2017）第 249337 号

书　　名　最后的伊甸园：走进神秘的南太平洋群岛

作　　者　马欣　西西 / 著

责任编辑　王瑞晴　蔡金娣
责任出版　王勇刚

出版发行　世界知识出版社
地址邮编　北京市东城区干面胡同 51 号（100010）
电　　话　010-85112689（编辑部）
　　　　　010-65265923（发行部）　010-85119023（邮购电话）
网　　址　www.ishizhi.cn
印　　刷　联城印刷（北京）有限公司
经　　销　新华书店
开本印张　710×1000 毫米　1/16　14½ 印张
版次印次　2018 年 1 月第一版　2018 年 1 月第一次印刷
标准书号　ISBN 978-7-5012-5600-6
定　　价　68.00 元

序 一

汤加欢迎中国游客朋友

2016年11月30日，一艘满载中国游客的邮轮自中国天津母港启航，一路向南驶向南太平洋。12月16日，这艘邮轮停靠汤加努库阿洛法，成为汤加历史上一次性接待的最大规模的中国游客。

当天，我和汤加王国的王储、首相、内务大臣及旅游部长一同在港口迎接中国游客，并见证了此次航行。在这场盛事中，我们看到中国及汤加人民的友好互动，同时，汤加纯净的自然风光、淳朴的民俗风情，也给中国游客留下了美好的印象。

作为本次活动的组织者，凯撒旅游开启了汤加与中国旅游互动的全新篇章。

汤加与中国于1998年建交，2005年4月，中汤双方签署《中华人民共和国国家旅游局和汤加王国政府旅游观光局关于中国旅游团队赴汤加旅游实施方案的谅解备忘录》。2006年4月，中方批准汤加为中国公民旅游目的地国。自此以来，两国在旅游等领域的友好合作关系不断发展。

2016年6月，中汤双方签署《中华人民共和国政府和汤加王国政府关于互免持普通护照人员签证的协定》，8月协议生效，进一步刺激了双方旅游互动的发展。

汤加是南太平洋岛国中唯一保持君主立宪制的国家，自然风光纯净原始，传统文化保存完好。在发展汤加与中国的关系中，加强旅游领域的合作成为双方重要合作内容。特别是在中国提出的“一带一路”倡议中，21世纪海上丝绸之路的南线延伸至南太平洋，为汤加旅游产业的发展提供了新机遇。

获悉这次随凯撒旅游出行的马欣先生和刘西西女士出版《最后的伊甸园：走进神秘的南太平洋群岛》，欣然作序，希望借此将汤加介绍给更多的中国朋友。

汤加欢迎你！

乌塔阿图

汤加王国驻华特命全权大使

序二

我在世界上最幸福的国家等你

随着响亮的汽笛声，清晨的阴云和薄雾缓缓散开，繁忙的维拉港又迎来了一艘邮轮。与往日不同，这一次，我们迎接的是与凯撒旅游一同从中国远航而来的客人们。2016年12月12日，是瓦努阿图第一次大规模接待中国游客的日子，这一天也注定是中瓦两国民间交往历史上值得被铭记的时刻。

瓦努阿图曾被评为“世界十大旅游必去圣地”之首，在这里，你可以近距离目睹火山翻涌，可以浮潜探秘海底世界，也可以深入原始部落体验传统文化……这里是蹦极的发源地，同时拥有世界上第一家水下邮局，旅游体验可谓丰富。

在中国政府发布的《推动共建丝绸之路经济带和21世纪海上丝绸之路的愿景与行动》中，我们欣喜地看到，瓦努阿图正是“海上丝路”的沿线国家之一。我们期待抓住这个历史机遇，充分提升南太平洋旅游吸引力，将美丽的瓦努阿图介绍给遥远又亲近的中国客人们。

近年来，中国游客赴瓦旅游人数逐年上涨，每年增长率保持在4%以上。目前，为了更好地发展当地旅游业，瓦努阿图正在扩建机场，全新的邮轮码头也正在筹备中，相信更完善的接待设施未来将更好地服务中国客人。

很荣幸为马欣先生和刘西西女士的新书《最后的伊甸园：走进神秘的南太平洋群岛》作序，感谢他们在书中将瓦努阿图，这个被称为“世界上最幸福的国家”介绍给读者们。在此，我代表瓦努阿图政府、瓦努阿图驻华使馆，欢迎中国的客人们的到来！

赖岳洋

瓦努阿图共和国驻中国特命全权大使

序 三

梦想这个词　永远不会过时

18世纪，詹姆斯·库克三度环游太平洋时，或许想不到，200多年后，会有2006人，追随他的盛举，一同实现环游太平洋的梦想之举。

梦想这个词，永远不会过时！

从拥有这样一个环球梦想，到实现梦想，需要多久？

凯撒旅游的答案是：2年！

从46天环南太平洋航线的研发、邮轮的合作、港口的敲定、工作人员的培训、正式产品的推出、集客，乃至整个旅程的服务，我们用了超过2年的时间。

幸运的是，我们拥有这样一群充满活力和干劲的凯撒伙伴，也收获了一大群对世界充满好奇的游客朋友，一同展开这样一段前所未有的旅程。

历时46天，跨越世界25%的水域、20000多座岛屿，走过2个大洲、9个国家，抵达12座岛屿、14个港口，环游南太平洋。

回想2016年11月30日的那个下午，2006位客人登上驶向南太的歌诗达邮轮“大西洋”号，我们满怀期待。

这是诸多南太岛国在历史上第一次迎来如此大规模的中国游客。沿途国家和港口的政府及当地人民热情欢迎，汤加王储、汤加王国首相、瓦努阿图共和国总理等多国领导人更是亲临码头迎接中国游客。

46 天后，2017 年 1 月 14 日，他们顺利返程，成功完成这段值得载入旅游发展史的南太环游之旅。

这是“一带一路”倡议在旅游领域的重要实践，海上丝绸之路延伸至南太平洋，串联起中国与南太岛国。

这是中国母港邮轮市场的全新篇章：第一次通过邮轮串联起散落在南太平洋的岛屿；第一次带领游客由母港出发跨越赤道和国际日期变更线。

这是 2006 位游客朋友的全新旅程，他们不仅收获了令人羡慕的人生体验，也成为中国和南太岛国传播友善和热情的民间使者。

此次随团出游的马欣先生和刘西西女士，难忘南太风情，激情撰写《最后的伊甸园：走进神秘的南太平洋群岛》一书。该书将南太岛国的自然风光和历史文化娓娓道来，它将成为此次南太旅程以及中国与南太岛国民间交流互动的最好见证。

46 天南太之旅已经告一段落，但探索世界的步伐却从未停止。下一次航行，永远值得期待！

陈小兵

凯撒中国创始人、凯撒旅游总裁

目录

Contents

引言

说到南太平洋群岛，人们都会觉得那里很遥远，也很神秘。有不少人渴望了解它，盼望有朝一日能登上这些神秘的海岛，领略它绝美的自然风光，探寻它无穷的魅力。

蓝色无垠的太平洋占据了地球上海洋总面积的约50%，也是世界上岛屿最多的大洋。美拉尼西亚、密克罗尼西亚和波利尼西亚的无数群岛及岛屿像繁星散落在赤道两侧、太平洋中部和南部浩瀚幽深的热带海洋中。由于千百年来与世隔绝，相对于各个大陆及近海岛屿，这些南太平洋的群岛最晚才被人们所发现。

正是这些刚刚在天际隐现的海岛，以它原生态的风貌和原始的风土人情吸引着越来越多的人对此充满了新奇的探求欲望。

公元2016年11月30日，天津港口，汽笛长鸣。我们站在歌诗达“大西洋”号邮轮甲板上。

这是凯撒旅游首次包船开启太平洋之旅。

船上有 2000 余位来自国内外的游客。

对于年轻的旅游大国，这是一次具有探险性质的旅途。如果有人写旅游史，应该将这一天载入史册。

在雄浑低沉的《告别时刻》启航曲中，邮轮缓缓告别天津港口。

天渐渐暗下来，海洋更显幽幻莫测。从古至今，无数航海者都在惊涛骇浪中樯倾楫摧。虽已进入现代航海，但对于此行，船上的人们仍有些忐忑。

随着舷窗外飞起洁白的浪花，我们已忘掉杂念，融入海的怀抱，充满无限遐想。那一个个未知的并在相当长的历史中没有留下文字记录的南太平洋群岛，对我们是巨大的诱惑！

夜深沉，我们的心早已飞到遥远的南太平洋彼岸……

塞班
历史和现代交织的美丽纽带

美丽的塞班岛，北马里亚纳群岛的首府。

阳光充沛，海风温柔，海水清澈湛蓝。葱绿的椰树和细软的沙滩环抱着妩媚的海岛，会让每个初次登岛的游客都立即感到她迷人的魅力！

但是当我们真正走进这个风光秀丽的海岛，却发现更加打动人的是那片鲜花椰林遮掩下还未散去硝烟的战场，是深蓝色海洋中需要打捞的那一个个谜团般的故事，是当地密克罗尼西亚人数千年厚重的历史文化积淀。

深蓝的塞班，深奥的塞班。

蓝洞比她的名称还美丽

来塞班之前，只听说蓝洞是潜水爱好者向往的地方，到塞班后才知道原来蓝洞还是太平洋海岛中一个重要的观赏胜地。

蓝洞，顾名思义是蓝色的岩洞。蓝色，本身就是一个充满诱惑的颜色，世界上

大海和蓝洞

许多美丽的事物都与蓝色有关。相传我国陕西蓝田西南的蓝溪古时有一座蓝桥，有一个叫尾生的男青年与一个美丽的姑娘相约于桥下会面。但姑娘没有来。尾生为了不失约，水涨桥面抱柱而死于桥下。此后千百年来人们把相爱的男女一方失约，而另一方殉情叫作“魂断蓝桥”。

位于欧洲马耳他戈佐岛西北角的蓝窗，也叫蓝洞。它是由猛烈的海浪亿万年冲刷海岸石灰岩而形成的高约 100 米、宽约 20 米的巨大的天然拱门，从拱门中可以看到对面蔚蓝色的大海。由于这里的水很深并呈墨绿色，景致独特，吸引了很多潜水爱好者来此，不少影视剧还在此地取景。但是不久前连日大风引起巨浪冲击，蓝窗坍塌，致使这一美好的景点永远消失了。

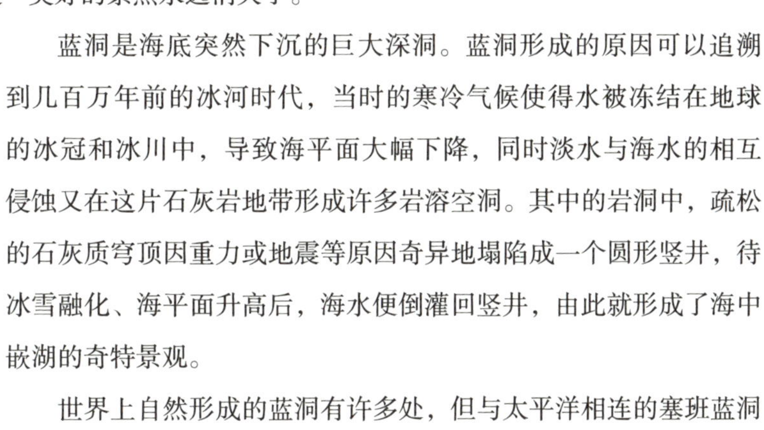

蓝洞是海底突然下沉的巨大深洞。蓝洞形成的原因可以追溯到几百万年前的冰河时代，当时的寒冷气候使得水被冻结在地球的冰冠和冰川中，导致海平面大幅下降，同时淡水与海水的相互侵蚀又在这片石灰岩地带形成许多岩溶空洞。其中的岩洞中，疏松的石灰质穹顶因重力或地震等原因奇异地塌陷成一个圆形竖井，待冰雪融化、海平面升高后，海水便倒灌回竖井，由此就形成了海中嵌湖的奇特景观。

世界上自然形成的蓝洞有许多处，但与太平洋相连的塞班蓝洞由于独特的洞内洞外奇观，仍不失为太平洋海岛乃至世界著名的深潜及旅游胜地。

在当地人的引导下，我们穿过各种郁郁葱葱的绿植，沿着上百级台阶的弯曲石梯一步步往下挪到接近洞口的岩石上。蓝洞外观看起来像张开大嘴的海豚，里面就是一个巨大的钟乳洞。平静的水面已有点点的潜水者。据说水深在 20 米左右，最深处达 47 米。水中有各式各样五颜六色的热带鱼、大海龟、海豚、水母、海胆等，甚至比海底世界还要精彩斑斓。有时受到海潮变化的影响，洞内平静的水面又会波涛起伏，对于这些与海龟、海豚共舞的深海潜水者来说更是一次无与伦比的体验和挑战。

蓝洞中的一缕宝石般幽蓝

我们站在各种大大小小奇形怪状的石灰岩上往洞里看去，眼前深蓝色的海水透出淡蓝色的光泽，这光泽越来越鲜亮，像一块巨大的美丽晶莹的蓝宝石嵌在溶洞深处，宛如童话般的梦境……真是绝美奇观！

原来这个巨大的溶洞里有三个天然通道与太平洋连接，那一缕时隐时现的猫眼般的神秘蓝光就是阳光经过洞里的天然通道折射进来的。

在蓝洞，无论潜水还是观景，都能得到极大的享受。联想到不久前马耳他蓝洞的消失，看来任何景观都可能有它不可预知的寿命。

应该珍惜大自然赐予我们的一切美好的东西。

无鸟的“鸟岛”

在塞班岛北部美丽的海岸线上，有一个名气很大的“必游之地”——鸟岛。

来之前慕名查阅了关于鸟岛的报道：这个形状像鸟一样的小岛，栖息着上百种鸟类，游客可近距离与鸟相处，尽情感受鸟类与大自然的和谐之美。

充满着对美妙事物的憧憬之情，我们匆匆赶到鸟岛。

眼前所见却让人惊诧，甚至怀疑到错了地方——隔水相望，一座由石灰岩构成的小岛，像一只小鸟安静地卧在海湾中，但岛上却不见一只鸟！人们都仔细观看，仍然看不到鸟的踪迹。

面对我们的疑问，当地陪同介绍说；这里曾有上百种鸟类生存繁衍，最多时岛上栖息着成千上万只鸟。作为第二次世界大战太平洋的主战场之一，战火几乎摧毁了这里的全部植物，鸟类成批死亡，有的流落他乡。二战后虽然植被逐步恢复，但由于岛上过快开发及各种人为因素，鸟蛋得不到保护，鸟类再次绝迹。

远眺鸟岛，这座像巨鸟一样的礁石仿佛也在向我们诉说历史。战争不仅损害了人类，也毁灭了人类和自然生物共同赖以生存的家园。将没有一只鸟的“鸟岛”作为观赏景点，让无数远道而来的游客反思战争，这大概也是旅游安排者的初衷吧。

鸟岛任凭潮起潮落，日夜呼唤鸟儿回归故乡。其实仔细观察，这座造型独特的

卧在碧波中的鸟岛

海岛落潮时与海岸的岩石连成一体，涨潮时就是一个无人打扰的独立的世界，非常适合各种鸟类在这里安家。听当地人讲，这座鸟岛及周围海岸如今已重新被辟为塞班的重点自然生态保护区。虽然没有看到鸟，但此消息多少给人一些宽慰和希望。

离开令人心里别样滋味的鸟岛，脑海中突然出现一幅漫画，画中一位鸟妈妈在成千上万被砍伐后的树墩上对小鸟们讲：从前我们的家乡叫森林……

但愿再来塞班时能看到群鸟快乐地在此栖息翱翔！

军舰岛有说不完的故事

走在塞班岛的塔波加峰的半山腰，回头向北眺望，在平滑如缎的蔚蓝色海面上，有个珍珠般的翠绿小岛，当地向导告诉我们，那就是军舰岛，在查莫洛语中是“珍珠”的意思。其实在晨曦中的邮轮上已看到这个潟湖里的绿色小岛，只是没有想到这就是有名的军舰岛。

军舰岛原是一座无人居住的无名小岛，二战时被日军占领。美日争夺塞班时，美军侦察飞机误认为这是一艘在海上的日军军舰，于是引来大批美军轰炸机狂轰滥炸，结果总是炸不沉。天亮后才发现这是一座岛屿。

这里是一个让人身心得以安顿的静谧世界

塞班港口

远眺军舰岛

还有一个传说：当时一艘非常有名的军舰在这个小岛旁沉没了，战后没被打捞上来，始终与小岛为伴……

不管哪种说法，都使这个原本无名的小岛不仅有了名字，而且有了名气，甚至名气大得能够吸引凡到塞班的游人总想上岛感受一番。

为满足我们的愿望，向导带着我们到岸边租了一艘快艇，在海面上仅驶十几分钟便到达军舰岛。

军舰岛并不大，步行约二十分钟便可环岛一周。静静的小岛被清澈碧绿的海水轻柔地拥抱在怀中，有着明珠般的高贵魅力。岛的四周是细柔洁净的白色沙滩，这是海里的珊瑚经海浪千百年冲刷研磨形成的。温柔的浪花在碧水白沙之间轻轻地抚摸着这个翡翠一般的小岛。岛上长满浓绿茂密的椰树、棕榈、橄榄树等热带植物。走入丛林中，感觉就像进入一个与世隔绝的世界。树下有许多成双成对的男女青年或站或坐，远眺大海在相互倾诉着什么。看相貌，这些男女大多来自亚洲国家，也有的来自欧美。这里好像是专门为这些恋人准备的静谧的世外桃源。

导游告诉我们，这个安静的小岛不仅吸引了世界各地的情侣来此享受甜蜜的二人世界，而且近些年附近岛上的姑娘小伙也将在岛上谈情说爱看作时尚，所以当地人又将军舰岛称作“情人岛”。

军舰岛、珍珠岛、情人岛……一连串浪漫的名字都被这个多少年并不为人知道的小岛所拥有。重新登上快艇慢慢离开小岛，此时，在午后的阳光折射下，可清晰地看到海底的珊瑚，五颜六色的鱼儿游弋其间。导游说，这里也是浮潜爱好者最喜欢的海域，在水中除了能与珍贵的鱼类共舞，还能看到当年那些沉到水底的军舰、飞机……被海水侵蚀的船身、机体早已成为彩色的软珊瑚群。这一切令人暇想，回顾历史，那些看到这些特殊的海底景观的人应倍加珍惜今天的幸福。

军舰岛会续写出更为浪漫动人的故事……

椰树守护下的阳光海滩（李艳芬　摄）

密克罗尼西亚少女

九死一生的塞班原住民

一个四面临海、面积只有122平方公里的塞班却有着悠久的历史。

据考证，早在约公元前3000年，一群人从东南亚乘独木舟来到这个沉睡了几十万年的小岛，成为世代生活在这里的查莫洛人。“查莫洛”这个词起源于他们祖先首领的名字。查莫洛人采摘垂钓，种植水稻等农作物，在母系社会自给自足的安逸陆地生活中逐渐淡化了航海的技能，只保留了深潜捕鱼的本领。

4000多年后，另一支来自塞班西北加罗林岛上的种族——加罗林人也移居到这个岛上。加罗林人有着超凡的航海技能，他们不用借助任何仪器就能在海上远航。善于潜水的查莫洛人和善于航海的加罗林人在应对陆地饥荒而向海洋觅食的过程中自然形成了密切的合作关系。查莫洛人负责潜水探查鱼群动向和在水下收网，加罗林人负责寻找航线和驾驶渔船，妇女们则在岸边织补渔网。他们捕获的鱼类和采摘的果蔬按家庭平均分配。

不久，两个部落各自选出两名劳动技术水平最高的长老组成统治机构来领导全体人员的劳动分工和分配劳动成果。这四名长老的职位世袭，后来就演变成为统治塞班岛的四大家族。

但是，殖民者的到来打破了岛上千百年宁静的部落田园生活。1521年，这个与世隔绝的塞班岛被葡萄牙航海家麦哲伦首次发现。1565年起被西班牙占领。由于查莫洛人和加罗林人在几百年中不断抵御外来侵犯和殖民掠夺，殖民者对岛上的男人进行了大规模的屠杀，有的被装船贩卖到南美的植物园，家庭被拆散，许多妇女则被强征为殖民者士兵的妻子。西班牙殖民者将岛上的原始社会迅速推进到奴隶社会，自己则成为统治岛上原住

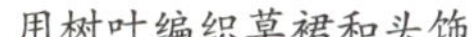

用树叶编织草裙和头饰　传统的查莫洛人擅长跳草裙舞

民的奴隶主。

1899年，西班牙将北马里亚纳群岛卖给德国，塞班又被德国统治。第一次世界大战后，德国人战败，日本乘虚而入占领了塞班。许多原住民除了捕鱼，还要到日本人的甘蔗园和甘蔗糖厂去当苦力。在太平洋战争的最后阶段，塞班岛的战略位置成为美日争夺的重要军事要塞。争夺战自1944年6月15日凌晨起历时24天，2万美军从岛的南部海岸登陆与7000多名固守的日军展开激战，在这座仅有122平方公里的小岛上投掷了50多万枚炸弹。

塞班岛上至今仍有很多二战的武器残骸

据说，在相持阶段，一名饥饿的原住民从蓝洞的巨大水下洞穴潜入太平洋捕猎，被准备向岛上发起进攻的美军发现。这名原住民在美军的军舰上讲述了岛上民不聊生和日军布防的情况，并应美军的请

热带阳光下的塞班街区

村落里的原住民

求当了向导，连夜将3000多名美军经过蓝洞秘密引至岛上，使美军可近距离猛攻日军的火力据点和司令部，打破对峙的僵局，很快赢得战争的胜利。

听着这段鲜为人知的历史，使人不禁对查莫洛人和加罗林人肃然起敬。今天在岛上，外来客已分不清哪个是查莫洛人，哪个是加罗林人，但塞班岛上原住民生生不息的奋斗精神值得钦佩。

其乐融融的原住民家庭

离开繁华的商业中心，走到离市区不远的一个原住民部落，这是一处被几座简陋的房屋半围成的院子。征得主人同意，我们进院与他们共享来之不易的平静生活。由于岛上中小学放假，院里的空地上有几个放假的孩子在做抛球游戏。前些年岛上利用亚洲的低廉劳工成本开办了30多家大大小小的服装加工企业，一些当地原住民也进入服装企业，直到 2009 年最后一家服装企业停止生产，大批外来务工人员回国，本地原住民也离开这些企业，继续在岛上从事旅游和零售等工作，有的在酒店当服务员，有的在码头开快艇。1981 年塞班建起了北马里亚纳学院，这是北马里亚纳群岛上唯一的高等教育机构。学院设有商务、护理学、自然科学、语言和人类学等学科。这所学院落成给岛上原住民家庭成员以希望，我们到访的一家原住民的女孩正准备报考这所学院新开办的信息技术专业。听着村落里原住民对我们提问的回答，看着眼前这些黑黝黝、乐融融的男女老少，虽然饱经殖民统治和战争伤痛，在历史变迁中人口锐减，传统文化和习俗渐行渐远，有的甚至消失殆尽，但仍能令人感到洗去蒙尘后的海岛原住民那种难能可贵的淡然生活态度。

土著人用树皮制作的明信片

院落里的人们该吃晚饭了，我们也到了登船的时间。路过厨房，看到他们的晚餐十分简单。这些满足自己清淡生活又过得如此惬意的海岛原住民，内心世界仍然是个谜，吸引我们去继续探究。

老人与海

深奥的马里亚纳之谜

塞班的海水为何是七彩的？原来远处那一抹墨蓝色海水下面就是那条世界最深的海沟——马里亚纳大海沟。

这条深不可测的海沟全长 2550 公里，平均宽度在 70 公里。用探测仪器测量，海沟大部分地方深 8000 米以上，最深处达 10000 米以上。而且科学家们还在利用回波定位、超声波探测等现代方法测量并不断刷新着更令人神往的深度。

有人将塞班比作一位娇羞而幽秘的水中仙女，将长裙包裹住的美丽身躯深深藏在水中，只有她高贵的头饰塔波加峰轻轻露出海平面 466 米。若是从仙女裙摆的最

海洋像一块多彩的调色板

塞班岛的主峰——塔波加峰

告别塞班

低端也就是马里亚纳海沟底算起，她的高度远远超过世界第一高峰珠穆朗玛峰。所以当地导游开玩笑说：我们生活在世界最高处。

这条世界第一深的马里亚纳大海沟至今还没有人征服过。自从发现了这条深海沟后，海水墨蓝色的谜底揭开了，但深奥的海沟下边的未知世界又成了更大的谜。无数人在猜测，在美丽的塞班海沟的深处，应该是一个地球上更美丽的海底世界，那里会有数不清的奇异的海底生物，还有人类从未见到过的鱼群在海底森林、珊瑚间畅游……那无尽的幽暗依然是人类的好奇心难以割舍的向往。如果有一天我们能乘上潜海器如蛟龙般深入 8000 米深海，巡视 2550 公里长的海底世界，那将是比人类登上月球还要美妙的旅行！

站在塔波加峰上看无垠的大海，深邃的海沟让这片海域色彩奔放，分外亮丽。从我们脚下最近处的海洋到海底峡谷中间，海面从淡绿过渡到碧绿、深绿，然后是浅蓝、深蓝，最后变幻成墨蓝。如同一条绚丽的七彩绸带，铺在平静又神秘的海面上。一艘快艇轻轻划出清晰的长长的白线，将我们从梦幻又带回人间。此时，正是塞班岛夕阳西下，落日下的海水更为奇特，蓝色中泛出一层淡红或血红。

盼望着……美丽的塞班，我们还会再来！

午夜零时 8 分，经过赤道

赤道并不炽热

从塞班启航，邮轮即将经过赤道，大家都很激动，也准备接受炽热的考验。

记得小时候，读过明代文人吴承恩根据民间传说写成的神话小说《西游记》，知道唐僧、孙悟空等师徒四人去西天取经，途中有座很热的火焰山。后来上地理课，得知我们生活的地球南半球和北半球中间那条人为划分的纬线叫赤道，离太阳最近，一年四季阳光直射，是全球最热的地方，堪比火焰山。赤道上有个非洲，那里的人们晒得黑极了，只有牙齿是白的。

邮轮从塞班沿东南航线驶往霍尼亚拉。12 月 9 日经过赤道。邮轮举行了隆重的过赤道仪式。在航海业并不很发达的年代，穿过赤道可望而不可及。即使侥幸到达赤道或穿越赤道时，除船上的当班人员外，其他船员要放假一天，大摆酒宴，用整猪、整羊祭祀海神，祈求海神赐福，以保佑航海者平安吉祥。久而久之就形成一种独特的海上感恩习俗——“赤道祭”。一些国家远洋轮船的船员们会将写有良好祝愿的玻璃瓶抛向大海。过去中国的远洋船舶穿越赤道时，船上也给新来的没有经过赤道的船员举行赤道穿越仪式，船长会让新船员将自己穿过的鞋子分别扔向赤道两侧的海中，寓意是从此新船员就成为同时脚踏南北半球、走南闯北的人了……这些有趣的传说都是在邮轮举行的穿越赤道庆典活

邮轮上举行穿越赤道庆典

动中听到的。仪式上，船长还为每位客人颁发了证书。

Costa

CROSSING THE EQUATOR CERTIFICATE

穿越赤道证书

This is to certify

仅此证明

LIU XIXI

In commemoration of Crossing the Equator at Latitude of 00°0" on Thursday, December 8th 2016 onboard Costa Atlantica

纪念在 2016 年 12 月 8 日，星期四，00°0 纬度在歌诗达大西洋号上穿越赤道

7150

Costa Atlantica 歌诗达大西洋号

Costa

CROSSING THE EQUATOR CERTIFICATE

穿越赤道证书

This is to certify

仅此证明

MA XIN

In commemoration of Crossing the Equator at Latitude of 00°0" on Thursday, December 8th 2016 onboard Costa Atlantica

纪念在 2016 年 12 月 8 日，星期四，00°0 纬度在歌诗达大西洋号上穿越赤道

7150

Costa Atlantica 歌诗达大西洋号

船长亲笔签发的《穿越赤道证书》

当夜，仪式结束，人们走上甲板感受从小就烫在心里的赤道，竟感觉没有想象中的那么炽热，海风拂面，甚至还有一丝凉意。

同上甲板的地理学熊教授告诉我们：因为海水的热容量大，水温升高也比陆地慢，海水蒸发要耗去大量的热量，而且广阔的洋面也会将太阳的能量传向海洋深处。如果查看一下世界气象记录，亚洲、非洲、澳洲和南北美洲一些远离赤道的大沙漠，气温要比赤道热得多。所以太平洋上的赤道沿线不是地球最热的地方。

午夜零时 8 分左右，邮轮穿越赤道。位置为：南纬 00°　00’1，东经 154° 48’645。此时船舱外气温 28 摄氏度。

打开手机微信，已有游客在朋友圈中发出感叹：赤道其实并不热……

塞班塔波加峰山脊上升起的“骆驼云”仿佛在欢迎来自北方的客人

所罗门群岛
热带雨林的诱惑

一个异常宁静的群岛，近千岛屿上密密地覆盖着热带雨林，即使一个小小的礁岛也生长着茂密的树林。岛上还有许多“脾气温和”的活火山，这些火山无论是活跃程度还是喷发剧烈程度，在周围群岛的火山中都是最小的。因此所罗门群岛被称为“森林之国”“幸运之岛”。

现在海岛森林中许多生长千年的参天古树正在消失，即将连同古树一起消失的还有岛上美拉尼西亚人世世代代的生活习俗和千百年留传至今的传统民间艺术。

快去看看这片即将逝去的人间天堂。

一个国名取自《圣经》的群岛

从塞班往南，经过三昼四夜 1700 余海里的航行，邮轮即将抵达位于太平洋西南部的所罗门群岛。

这是一个很早就听说但是鲜有国人到访的岛国。所罗门群岛属于美拉尼西亚群岛的一部分，由 900 多个岛屿组成。

所罗门群岛境内虽有很多座火山，包括活火山，但这些火山却与周围的原住民世代和睦相处，从没有剧烈喷发过，连地震也往往不厉害。岛上有很多河流，属于热带雨林气候，没有旱季，终年炎热，年平均降水量达 3000 — 3500 毫米，算了算，每年的雨量如果积存在一起已超过一层楼深了，但却很少有洪涝灾害。这不愧是一个幸运之岛！

果然，幸运又一次降临给我们这些远方来客。

距离所罗门群岛仅剩三分之一航程时，海上电波传来消息：当地时间当日凌晨 4 时 38 分，所罗门群岛发生 7.8 级强烈地震，紧接着太平洋海啸预警中心又发出海啸预警。

还能不能安全靠岸，船上的游人忐忑不安。船方也不断与岛上联系。

邮轮按照原定航行线路继续前进。第二天清晨即将抵达所罗门群岛时，传来当地官方发布的消息：强震未对我们所抵达的海岛造成大的影响，针对南太平洋大范围地区所发布的海啸警报已经解除。

我们安全登陆了。

登岛后见到的第一个当地儿童

所罗门群岛的名称源于一个美丽诱人的传说。据《圣经·旧约》记载，所罗门王每隔三年要出海远航一次，每次出海归来总是金银财宝装满了船舱。当时人们纷纷猜测，在茫茫大海中肯定有一个所罗门王的黄金宝库。但是无人知晓这个传说中的黄金宝库的具体位置。由于所罗门王的黄金宝库对世人的诱惑太大，所以千百年来寻宝活动持续不断，但始终没有结果。1567 年，西班牙航海家阿尔瓦罗·德·门

①佩戴首饰的男人和大树　②摘椰子　③部落里的孩子们

达纳受命在南太平洋探索未知的陆地。在茫茫大海中航行到第二年，终于发现了瓜达尔卡纳尔岛。登岛后，门达纳见到当地土著人身上都佩戴着金光闪闪的饰物，便认定这里就是人们一直寻找的所罗门王的黄金宝库，于是就把此地命名为所罗门群岛。1575 年，门达纳率领航海探险队再次远赴南太平洋，前往他在七年前发现的所

罗门群岛，由于年迈力衰的门达纳在途中病逝及沿途暴发瘟疫等原因，探险队在一个新发现的岛上与原住民爆发了流血冲突后中途返回，致使所罗门群岛又与世隔绝了 200 年，直到 1767 年被英国人重新发现，但当年门达纳对所罗门群岛的命名已被世人认可。

这次登陆后，我们听到一个消息：说来也巧，就在当年门达纳误认为发现了黄

所罗门群岛的部落相当长的时间处于原始公社阶段

金宝库因此取名“所罗门群岛”的瓜达尔卡纳尔岛，400 多年后果然发现了宜于开采的金矿。其中的金岭金矿蕴藏金矿石 130 万吨，已经投入生产，年产黄金 10 万盎司，现在生产黄金的产值已约占所罗门群岛国内生产总值的 20%。

由此可见，所罗门群岛的国名没有起错！

走进国家唯一的博物馆

邮轮停靠的港口城市霍尼亚拉位于所罗门群岛最大的岛屿瓜达尔卡纳尔岛的北岸，是所罗门群岛的首都，也是全国的经济、文化和交通航运中心。霍尼亚拉在当地的加利语中意为“东南风劲吹的地方”。

很久以来，霍尼亚拉只是瓜达尔卡纳尔岛上一个贫穷寂静、默默无闻的小村落。二战时期，日军打败了自1893年起统治这里的英国人，占领了瓜达尔卡纳尔岛。之后，美军从日军手中夺过该岛，在霍尼亚拉建设了大量基础设施，作为进一步打击日军的军事基地，这为霍尼亚拉此后的发展奠定了基础。二战结束后，由于英属所罗门群岛当时的首府图拉吉在战争中被摧毁，于是在1952年将首府迁到

霍尼亚拉市区

了霍尼亚拉，使这里得到发展，城市规模扩大，人口也不断增加。1978 年 7 月，所罗门群岛独立，霍尼亚拉被确定为首都。

从码头走约一公里就是霍尼亚拉的市区。市内没有什么高楼大厦，各种建筑物大多是二层木房。城市周边和马路两旁都是青翠的树木、绿草和五彩的鲜花，给这座并不算整洁的新兴城市增添了几分美丽。虽然这座城市只有五六万人口，但路上各种机动车很多，大都较破旧。可能是周末的原因，街上的当地人并不显少，人们并不匆忙赶路，许多人就在路边呆呆地坐着。一切都很平静，丝毫感觉不出刚刚发生了强烈地震，看来此地真是自然灾害无可奈何的幸运之地。街头无论走着的还是坐着的当地人，不少见到我们这样的外国人，都主动招手问好，有的

所罗门群岛国家博物馆

木雕艺术品

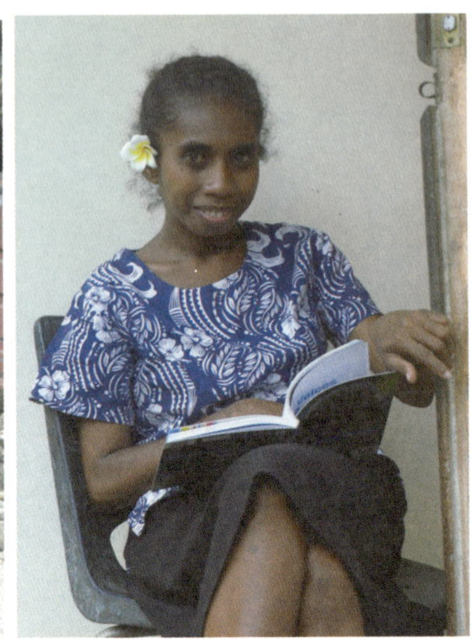

博物馆里读书的少女

甚至用汉语说一句“你好”。

经人指点，我们走进距离市中心不远的所罗门群岛国家博物馆。博物馆是几座颇有特色的精美建筑，在栽着各种高大树木和奇花异草的花园中显得格外宁静雅致。据介绍，这座博物馆建于 1969 年，目前收藏展品两千余件。在陈列室，我们看到了考古出土的欧洲人到来之前的史前文化遗迹，以及岛上的自然发展史及动植物标本，还有一些二战遗留物品。虽然展品并不算丰富，但也令人开阔了眼界。

陈列室外面展示当地人文和风土人情的内容很丰富。当地人在表演具有民族风情的歌舞，草坪上是各具特色的大型艺术木雕，还有保存至今的当年战争遗留的锈斑累累的武器。远处有若干栋传统房舍，每一栋都代表不同岛屿和省份的建筑风格。

当怀着不太满足的心理走出时，在门口询问有无其他博物馆可以继续参观，得知所罗门群岛全国只有这一家博物馆，顿时又感到十分幸运。

被喊倒的椰子树

卡卡博纳，瓜达尔卡纳尔岛上一个热带雨林环抱的小村庄，这是一个距离霍尼亚拉市区并不太远的普通村落。

村中散落着简单的高脚木屋，屋前是小菜园，村民们的生活悠闲自在。有的聚在一起编织，有的在烧火做饭。看见我们往村里走，几名少年手持木棍从木屋后面叫喊着冲了过来，吓得我们连忙躲避。这时，少年们收回木棍笑着又做出其他怪动作，卷发下的黑铜色小脸上露出两排白牙。陪同我们的导游连忙介绍说，这是当地人对待尊贵客人的欢迎礼节。

当地人习惯将这些食物煮后或烧后用手抓着吃

身着长裙、朴实热情的当地妇女为我们烧烤着木薯和土豆，虽然语言不通，但她们那种特有的淳朴、善良、好客也令人感动。习习微风撩过炊烟，村中流淌的一条弯弯曲曲的小河

①上树摘椰子。椰子种植是多数自给自足的家庭最普遍、最主要的生产活动
②椰叶编织
③进部落时少年们的欢迎仪式

旁，几名当地男女青年好奇地观望着我们，似在谈论什么。一位强健的小伙看到我们热得流汗，就爬上椰树摘下椰子，切开让客人们解解渴。

在这个宁静、美丽村落的深处，几名男子正在搭建新屋。见我们走近，他们停工笑着与我们打招呼。这是按当地传统用树干、枝叶搭建的木屋，全部就地取材。所罗门群岛上森林覆盖面积占陆地总面积的80%以上，植物种类达4500余种，原始雨林里树木高大粗壮，有的参天古树的树干直径达两米多。人们搭建住屋，开垦农田，都需要砍伐树木。

当地流传着这样的传说：在斧头、钢锯等金属伐木工具发明之前，村民们有一种独特的伐树方法，如果一棵树太大了，无法砍伐，当地人就用自己的喊声来伐木。每天凌晨，身强力壮的伐树工人爬上大树，放开喉咙集体大声叫喊，喊得津津有味，喊得淋漓尽致，连续喊三十天后，大树就会自动枯死，然后整个大树倒在地上。据当地村民介绍，大树是有灵魂的，由于喊叫声已经扼杀了大树的意志，所以大树就会死亡。

这种离奇的伐木方法现在还灵不灵，大概在使用现代砍伐技术的今天已经无人顾及了，但听起来那么古怪、似乎不可思议的事情却让我们看到美拉尼西亚土著人的执着精神。后来在海岛上这些天，凡是见到海边躺倒的椰子树，就马上联想起那个喊叫伐树的故事。

离开卡卡博纳时，村口的木条长桌上摆放了许多已经切开的水果，几名妇女热情地让我们品尝，更令我们流连忘返。

远古飘来的排箫曲

在瓜达尔卡纳尔岛上，没有比听一曲当地土著青年吹奏排箫更让人动情的事了。

短暂的岛上活动，多次遇见当地青年载歌载舞，吹奏这种传统的排箫。排箫作为世界上最古老的乐器之一，已经历了数千年的发展历程。在悠悠历史长河中，世界各地的排箫逐步摆脱它原始民俗乐器的形象，成为世俗流行的乐器。而唯有在这一片蔚蓝色海洋环绕着的偏远群岛上，来自远古的声音被原汁原味地保存下来。

海岛上的排箫仍是由一束 12 根长短不一的管子排列组成，根据管子的开口情

吹奏排萧

小伙子跳起粗犷的舞蹈

编织工艺品

吹排箫

况分为两种：一种是管子两端开口的排箫，另一种是上端开口的排箫。上端开口的排箫体积长，但两端开口的排箫声音要高八度。在哨子或竹喇叭吹出连续的背景低音时，吹奏排箫的小伙子分两行面对面站着或坐着演奏，移动自己的头部吹着不同的管子，而排箫本身纹丝不动。

岛上的传统音乐通常与战争、火山、水灾和风暴有关，模仿大自然的

（左图）小伙吹起排箫曲

（下图）传统打击乐器

木雕绘画等艺术品

唱一首美拉尼西亚民歌

声音，歌颂古代的英雄，表现了当地原住民的精神世界。

当岛上的民间乐师们用排箫吹奏出积淀千年的音律时，不少深棕色皮肤的男女青年随着音乐翩翩起舞。当地人介绍，附近马莱塔岛和圣伊萨贝尔岛的土著女人演奏的管乐器音乐更加柔和而悠扬。

所罗门群岛上的传统音乐除了排箫，通常还有传统的打击乐器和长笛等。几支著名的当地乐队和乐手还时常参加一些礼仪或公共活动演出。20世纪60年代，当地出现一个年轻的岛民歌手弗雷德·梅多拉，他以天赋的音乐才能和突发性的灵感创作了一首歌曲《漫步唐人街》，描述了人们在霍尼亚拉唐人街漫步的喜悦之情。当时这首歌曲家喻户晓，很快成为在太平洋岛国及不少地区流行的一首经典歌曲。

站在瓜达尔卡纳尔岛的海岸边，倚靠着一棵粗大的椰子树，轻柔的海风拂面，在涛声的伴奏中，闭眼用心倾听一曲排箫吹奏的远古音乐，使人感到空灵般的美妙。

随着国外文化艺术的影响越来越大，传统音乐受到较大冲击，岛上一些有识之士主张恢复和守护传统文化。但愿这世界上最古老的排箫乐曲永远不会逝去……

贫困的“足球王国”

告别卡卡博纳村，上车时无意中发现我们停车的地方原来是个足球场。

当然这是一个非常简陋的球场，简陋得只有一块不太平整的土地，没有草坪，但面积跟正规足球场地差不多，两端各有一个三根笔直的树干搭建的“球门”。刚才手持木棍欢迎我们的那群少年已经在球场的另一端练起射门了。

说实话，在这片丘陵沼泽遍布的村庄里，当地政府和村民砍掉参天大树、清除灌木杂草，为青少年整理出一个大的足球场也不是一件容易的事，这其中必定有缘故。

在路上，透过车窗远远望去，又先后看到几个这样的足球场，一些紫铜色皮肤、赤裸上身的青少年在踢足球。在这个贫穷的海岛上，足球运动竟如此普及，这真是一件神奇的事。面对我们的提问，当地导游指着窗外说：这里的很多青少年都喜欢踢足球，有足球梦想……

原来这里的足球运动最早是由传教士和殖民者带进来的，逐渐扩展到当地人。1978 年，刚刚取得独立的所罗门群岛就成立了足球协会，1988 年又加入了国际足联。由于在海岛上很多体育项目受条件的限制没有开展起来，所以多年来国家注重在青少年中推广足球运动，前些年还启动了社区“赶快踢球”发展规划。现在，全国已有 36 个足球俱乐部，分为甲、乙、丙三个级别，各 12 个，通过全国俱乐部锦标赛决定晋级。所罗门群岛国家队已参加过许多次国际、洲际足球比赛，战胜过包括一些足球强国在内的许多国家足球队。所罗门群岛青年队还曾获得大洋洲青年足球锦标

部落里的足球场

热情的孩子们

嬉闹的儿童

赛亚军。目前这个国家还有许多足球运动员在澳大利亚等国的联赛中踢球。

为了普及足球运动，一些社区和学校还因地制宜，积极推广沙滩足球、室内五人制足球项目等，目的是让更多的青少年热爱足球，增强体魄。这种普及的结果就是吸引越来越多的青少年崇拜足球运动员，愿意投身足球事业，为国家争光，自己也能实现走出海岛走向世界的梦想。所以，许多中小学生下课后和放假时，都奔向各个球场享受着足球运动带给他们的单纯、竞技和快乐。

一个仅有 50 余万人口、教育落后、被列为世界上最不发达国家之一的相对闭塞的岛国竟然有 36 个足球俱乐部，还有庞大的球迷群体，近十几年又开始推广女子足球运动。更有意思的是，这个尚未实施小学义务教育、成年人识字率很低、全国仅有三所高等教育学校的国家，还在国际足联和大洋洲足联的资助下建立了一座所罗门群岛足球学院，使运动员、教练员、裁判员和广大球迷实现了多年的梦想。所罗门群岛希望通过这一系列措施鼓励和促进社会各界人士参与足球运动，不断提高国家足球运动水平，使所罗门群岛成为一个在国际上有竞争力和成功的足球国家，树立良好的国家形象。目前，该国已有若干个明星球员，其中主要射门得分球员和大洋洲最令人畏惧的球员詹姆斯·纳卡还被列为 2006 年世界杯赛最佳球员之一。这个名副其实的“足球王国”，不能不令人刮目相看。

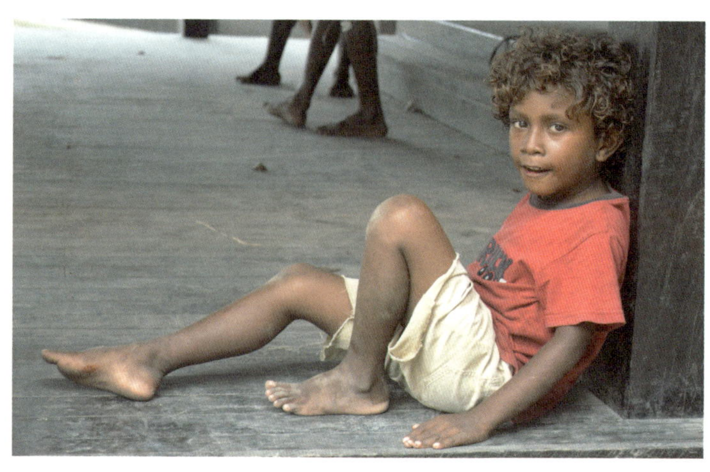

看着相机镜头的少年

热带雨林中的人们（王甄莹 摄）

巴布亚人，你在哪里？

谁是所罗门群岛上的原住民？根据考古学家 20 世纪后半叶以来的考察结果，从遗传学研究及搜集到的考古学证据判断，所罗门群岛最早的定居者是三万年前从新几内亚岛来的巴布亚人。

当这些巴布亚人抵达所罗门群岛时，整个地球正处于冰河时代，海平面几乎下降了 100 米，这片海域的大小岛屿在那时几乎是连在一起的，巴布亚人可能通过徒步就来到这里定居。

所罗门群岛上的居民祖祖辈辈生活在热带原始雨林里

到了1.6万年前，海平面上升，淹没了许多岛屿和珊瑚岛，造就了今天南太平洋诸岛的形状。据推测，最早移居到这里的巴布亚人居住的陆地如今已处于远离岸礁的海底，但是巴布亚人由此又去了哪里，现在是个谜。

取火

烹饪的人们

午餐是烧烤土豆、木薯、香蕉

直到大约3000多年前，一些在俾斯麦群岛已生活了上千年的海上旅行者乘坐独木舟从北方来到所罗门群岛居住。这些人不仅掌握了航海技术，而且还带来了猪、狗、鸡等家畜及一些坚果树和其他农作物，甚至还有陶器。考古学家将这些新移民称作“拉皮塔人”。拉皮塔人在岛上开垦荒地，种植粮食和蔬菜，也捕鱼和狩猎。由于岛上疟疾等疾病间断性暴发等原因，拉皮塔人又逐渐向南迁徙到瓦努阿图、斐济和波利尼西亚。

今天，所罗门群岛的国家博物馆和一些村庄还可以看到拉皮塔人在岛上居住迁徙的考古遗迹。由于所罗门群岛的岛屿众多，岛民居住得较分散，而且很多地方又长时间处于相互隔绝状态，因此所罗门群岛的语言非常复杂。全国共有74种语言，如今有3种已经失传，而每种语言又可以分为多种方言。

令人惊诧的是，在流传至今的 70 余种语言中，巴布亚语竟然至少有 15 种，这应该是岛上最古老的语言。虽然在欧洲人到来之前，岛上没有自己的文字，岛民只是通过言传身教从他们的先人那里获得生产和生活的知识，所罗门群岛人类的祖先巴布亚人的历史没有留下文字记录，但古老的巴布亚语能够流传至今已使我们有了一丝宽慰。

曾在所罗门群岛上生活了上万年的巴布亚人是由于地壳的变化而迁徙，还是被后来的拉皮塔人排斥或同化，相信不久的将来考古学家们会揭开历史悠久的所罗门群岛史前时期巴布亚人去向的面纱。

（上图）搭建茅草屋

（下图）留下美好的记忆

瓦努阿图

渐渐远去的原始部落

一旦你走进瓦努阿图这个千百年因海洋与外界阻隔的热带雨林部落，就立即会感到一股奇特的震撼力。

这个海岛上一个个原始部落里的美拉尼西亚人用自己的生活、生产方式及音乐、舞蹈、服饰等艺术形式，将独特的原住民族文化世代相传。

在急剧推进的全球化浪潮中，这种美好的文化习俗虽然就在我们眼前，但是否会渐行渐远，消失在人们的视线以外？我们不得而知。

神奇的比斯拉马语

从霍尼亚拉往东南航行 700 余海里，便到达瓦努阿图的首都维拉港。

瓦努阿图共和国对很多人来说都很陌生。这是个年轻的国家，1980 年刚刚独立。

瓦努阿图由 83 个岛屿组成，其中 68 个岛屿有人居住。全国人口约为 28 万，95%左右的人为美拉尼西亚人，其余由澳大利亚、新西兰、太平洋其他岛国及欧洲、亚洲移民或其后裔组成。

瓦努阿图只有两个城市：首都维拉港和第二大城市卢甘维尔。除了 5 万多人居住在这两个城市，其余 80%的人口分散居住在六个省众多岛屿的村庄部落里。

由于千百年来居住分散，交通不便，各个岛上的原住民都使用各自岛屿或部落的语言，全国共形成

美拉尼西亚人

夕阳中的母子

了 113 种不同的语言以及数不清的方言，这也使得这个仅有 20 多万人口的袖珍岛国成为地球上最具语言多元性的国家之一。

随着 100 多年前欧洲人登陆，岛上原住民与欧洲人交往增多，各个岛屿、村庄部落的人们来往也日益增多，语言不通成了相互交往的最大障碍。

这时候有一位来到瓦努阿图的外国商人，在与当地原住民的接触中，综合了当地土著语、西班牙语、法语的特点，在英语的发音系统和语法的基础上，创造了一

街景

维拉港口

美丽的港湾

部落里的美拉尼西亚人

种独特的比斯拉马语。

这种来自民间的新创造的语言以英语发音为基本发音，语法较为简单，尤其是书面语言，通俗易懂，便于文化程度普遍不高的当地人掌握。当然作为一种利于推广普及的语言，在表达复杂的观点或新的概念时，简单的比斯拉马语必须采取功能描述的方式才能表达清楚，因此用较短的英语就可以表达的事物，要用很长一段的比斯拉马语来表达。

这位创造比斯拉马语的商人是哪国人，叫什么名字，至今已无法考证。但作为除英语、法语之外的官方语言比斯拉马语，已成为全国最方便、最通用的语言。

国家的名称“瓦努阿图”，意为“土地永远属于我们”，就是出自比斯拉马语。

最美的风景在没人的地方

我们从维拉港出发进入埃法特岛的热带雨林中，时而驱车，时而步行。这里森林茂密，荆棘丛生，异常宁静。

瓦努阿图大部分海岛都覆盖着原始的自然植被，森林中的树木、花卉等各种野生植物多达 1500 余种，最主要的树木是榕树，有的榕树的树冠直径达 70 米左右。

清澈的溪水从脚下潺潺流淌，周围处处是鸟语花香。瓦努阿图共有 61 种陆地鸟和水鸟，没有大型的哺乳动物，也没有毒蛇和毒蜘蛛。包括花斑蛇在内的 19 种两栖动物为当地独有，但这些动物只生活在我们脚下的埃法特岛上。

瓦努阿图属于热带和亚热带气候，土地肥沃，适合植物生长，又有着丰富的海洋生物资源。但这些资源还没有得到充分开发，许多游人罕至的地方，美如仙境。

伴着如画般风景的是自然灾害。这里每年只有雨季和旱季两个季节。每年的平均温度为 25.3 摄氏度，气温很少超过 32 摄氏度或低于 17 摄氏度。每年的 5 月至 10 月为旱季，夜间凉爽，适宜旅游。虽称旱季，但也常常下雨。从 11 月至第二年的 4 月为雨季，东部和北部的岛屿经常遭遇热带风暴的袭击，引起洪灾，历史上每隔 15 至 20 年就会有一场大的龙卷风席卷瓦努阿图。

除了大的龙卷风，瓦努阿图境内还有众多火山，而且现仍有九座活火山，其中两座在海底，其余七座活火山在坦纳岛和其他小的岛屿上。由于活火山多，许多地方的陆地以每年 0.5 毫米的速度从海平面上升，因此地震也是当地最严重的自然灾害。联合国发布的《世界风险报告》中，连续几年将瓦努阿图评估为全球最易受自然灾害影响的国家之一。

尽管如此，近年来还是有越来越多的游人慕名前来享受当地的原始风景，感受难得一见的活火山。

恬静的港湾

当地最著名的活火山是位于坦纳岛上的伊苏尔火山。这座火山至今每天都会喷出炽热的岩浆。因为常年喷发，已被飞行员和海员当作南太平洋上指路的“灯塔”。伊苏尔火山虽然高达1084米，但喷出的熔岩却多是直起直落，很少斜向溢出，一般不会伤人，因此被誉为世界上“最亲近的活火山”，游人常将能目睹这“上帝燃放的礼花”作为一生之幸。

当地导游告诉我们，这座“最亲近”的伊苏尔火山每天喷出的岩浆倾泻在附近海面上，发出的巨大声音还是很吓人的。但世世代代生活在火山岛上的当地原住民对此现象已经习以为常，年复一年伴着喷发的火山照样安居乐业。土著妇女每天用火山温泉水做饭，其乐融融。

静静的埃法特岛

蓝白交织的浪漫

海风中弥漫着卡瓦酒香

人们常说，没喝过卡瓦酒，没去过卡瓦吧，就不算到过瓦努阿图。在埃法特的部落村庄，主人让我们品尝了卡瓦酒。

卡瓦酒虽然被称作酒，其实并不是酒，因为它本身不含任何酒精成分，是一种当地的传统饮料。这种卡瓦饮料喝起来有一股淡淡的苦辣味，喝后会使人放松身心，愉悦心情，有的人喝后还会进入昏昏沉沉的冥想状态。部落里的人们辛勤劳作

（上图）制作卡瓦酒
（下图）简朴的卡瓦吧

后，会饮用卡瓦饮料解除疲劳。

就像我们在宴会上敬酒一样，当地部落饮用卡瓦饮料也有传统习俗。首先是酋长饮用，然后是尊贵的客人饮用，最后是部落里的人按照长幼次序饮用。每一杯卡瓦饮料通常都要一口喝完，如有剩余就要倒在地上。饮用完卡瓦后，才可以吃饭。

具有如此魅力的卡瓦酒来自何处？原来这是用当地的一种叫卡瓦胡椒的高纤维、低热量植物制作的饮料。卡瓦胡椒生长在瓦努阿图北部岛屿的高山上，被当地人发现和种植已有2000多年的历史。瓦努阿图是世界最大的卡瓦产地之一，有80多个品种，是名副其实的卡瓦之乡。离维拉港北面不远的彭特科斯特岛是瓦努阿图最大的卡瓦胡椒种植基地，这里的卡瓦胡椒生长期为二至五年，质量和效力远远超过其他太平洋岛国出产的卡瓦。

从古至今，瓦努阿图人都对卡瓦充满敬意，将其视为“国礼”和“国酒”，重要活动都离不开高规格的卡瓦仪式。当地人相信，卡瓦是引导人们进入“梦幻般神圣殿堂”的使者，是承载瓦努阿图悠久历史文化的神圣根基。

部落里至今还保留着通过饮用卡瓦与先祖对话的习俗。在这一神秘而庄重的仪式上，酋长率先端起第一碗卡瓦，在空地上走一圈，然后转向森林深处，很快将卡瓦喝下，并将最后一口大声喷出，与林中先祖对话后，再回到人群。之后部落里其他人依次喝卡瓦，并与先祖对话。凭借卡瓦的效力，人们仿佛聆听到了先祖的回声。

除了解除身心疲劳，以及仪式和社交等用途外，很久以来卡瓦还被当地人用作草药，有镇定、抗菌、止痛、利尿、降血压等作用。卡瓦同椰干、可可一样，近几十年已成为瓦努阿图出口赚汇的主要产品，主要销往斐济和欧美的制药企业。虽然自 20 世纪末开始卡瓦的副作用逐渐为人所关注，甚至造成恐慌，以致一些国家纷纷限制或停止卡瓦进口，造成卡瓦出口市场疲软，数百个种植园被弃。但随着近年来对卡瓦研究的深入和加工方法的改进，卡瓦再次引起世人关注，出口前景看好。2009 年以来，国际医学研究机构对卡瓦的研究又有了新进展，科学家发现卡瓦除了能有效治疗焦虑症外，在治疗抑郁症和防癌方面也功效甚佳。瓦努阿图正在研发将卡瓦与牛奶、可乐、果汁结合的几种新型饮料。这些举措都会为卡瓦种植者带来新商机。

在瓦努阿图的城镇或乡村，传统的卡瓦饮料仍然风靡。各地像咖啡厅、酒吧一样的卡瓦吧非常普遍，仅有几万人口、游人有限的维拉港就有 150 多家卡瓦吧。卡瓦吧多用树枝和蕉叶搭建，棚子内外摆着供客人喝卡瓦的桌椅。晚上点亮彩灯。柜台上出售用椰壳或塑料碗盛满的卡瓦饮料，大碗售价 100 瓦图（约合 1 美元），小碗 50 瓦图。考究的卡瓦吧还有身着鲜艳土著服饰的妇女，出售当地的主要食品“拉普拉普”和各种蔬菜水果。

我们从部落驱车回城，路过一些村落和海滨，也看到一些用树枝搭建的卡瓦吧，只是更显原始气息。每当傍晚或夜幕降临，下班或劳作之后的当地人便纷纷围着卡瓦吧，尽情享受卡瓦饮料带来的美妙、安宁和幸福。难怪有位来自欧洲的学者羡慕地说：“正像上帝把石油给了阿拉伯一样，上帝同样把卡瓦给了瓦努阿图。”

吹海螺的人

最高统治者是酋长

瓦努阿图多数原住民居住在海岛农村，以部落为基础。一般每个村庄是一个部落，部落的最高统治者是酋长。这个国家在悠久的历史发展中，逐步形成了独特的酋长制度。

大约3000多年前，拉皮塔人穿越海洋从所罗门群岛来到这里定居，并在此种植粮食、养殖家畜。后来，又有大量的美拉尼西亚人从巴布亚新几内亚移居到此。

他们还用乘坐的独木舟载来了自己赖以生存的植物和动物。从公元前16世纪起，各个有血缘关系的家庭形成氏族，血缘相近的氏族形成部落，每个部落形成了特有的语言、独特的风俗习惯及传统文化，都分别通过选举或世袭等方式产生了各自的酋长。

在这个居住极端分散、经济落后、交通不便的海岛国家，政府能直接有效管理的只有两个城市，其他占全国人口80%以上的居民生活在部落里，大多过着原生态生活，只能依靠酋长实施间接管理。数千年来，酋长就是部落文化的精神支柱，是传统习俗的唯一权威，是基层治理的最高统治者。酋长是部落的代表，他的话在部落里就是法律。

历史上，埃法特岛上及其他一些岛屿上经常出现部落间的混战。17世纪初，一位叫洛伊·玛塔的酋长征服了埃法特岛及北部一些岛屿，结束了部族战争，获得了地区和平。为了使各个部落团结一致，玛塔酋长每五年举办一次盛大的宴会，并为每个部落授衔命名。玛塔酋长将原来部落父系传承制度改为母系传承制度，男孩从母亲部落继承头衔，即头衔要传给自己的外甥。这么做使各部落居民超脱原先狭隘、封闭的部落单元，促进了部落间的融合。

后来，这位当时至高无上的玛塔酋长不幸被害身亡，葬于阿尔托克岛。墓葬区除酋长墓穴外，还有包括20余个妻妾在内的50个活人的陪葬墓穴，已成为迄今太平洋地区最大的活人陪葬区。由于当地的传统禁忌，不许任何人登岛，墓葬区遗址

男人的服饰

部落老人

得以完整保留下来。

玛塔酋长的故事经过一代一代口口相传，吸引了考古学家们实地考察，并论证了玛塔酋长解决部落冲突及进行社会改革对国家民族的重大文化价值和历史价值。瓦努阿图决定将墓葬区、死亡地和居住地在内的酋长领地申遗。2008 年 7 月 8 日，在加拿大魁北克城举行的第 32 届世界遗产大会上，瓦努阿图洛伊・玛塔酋长领地正式入选联合国教科文组织的《世界遗产名录》，成为南太平洋地区首个世界文化遗产。

玛塔酋长去世后，一些欧洲探险家先后发现了瓦努阿图群岛。1774 年，英国著名的航海家詹姆斯・库克也发现了这些岛屿，并将这些岛屿命名为“新赫布里底群岛”，这个名称一直沿用到瓦努阿图独立。

瓦努阿图独立前的百年间，已沦为英法相互争夺、共同托管的殖民地。但酋长在部落的地位并没有降低，部落村民只服从自己的酋长。虽然在英法托管时期，英国女王和法国总统成为当时的新赫布里底的国家元首，但纯朴的岛上部落土著居民在很长时间内都认为英国女王嫁给了法国总统，自己的国家是由这对夫妻共同统治的。

“蹦极跳”的千年之谜

瓦努阿图许多部落的土著人都酷爱音乐，能歌善舞。

在风景如画的埃法特岛上，我们驱车一个多小时，走进半山雨林深处的一个部落，在这里不仅看到了当地居民的饮食起居，还领略了传统的音乐舞蹈艺术。

当我们离开部落路过森林中的一片空地，一群上身赤裸、下身裹着草裙的壮汉弹着当地四弦吉他、敲击竹管乐等乐器，唱着乡村民歌翩翩起舞。粗犷的舞姿、浑

弹起六弦琴。在传统节日或迎客仪式上载歌载舞是瓦努阿图人重要的习俗

厚的歌声和低沉悠扬的旋律在夕阳下显得格外迷人……

瓦努阿图的许多传统音乐歌舞在不少部落流传至今。其中最有特色的乐器是马勒库拉岛和安姆布里姆岛的木鼓。这种木鼓用面包树干挖空雕刻而成，敲打能发出沉闷清晰的声音。木鼓的上部雕刻成公鸡等图案的脸谱，古时部落的人们用人骨或贝壳制成的扁斧雕刻，再用鲨鱼皮或粗糙的海草将木鼓打磨光滑，然后用烧得灼热的石头通过木头缝隙放进木鼓内，将木材的腹部烧焦挖空。制作一个两米多长、仅有一个雕刻面具的木鼓，需要一个有着极大耐心和技艺的土著老艺人一个多月的时间。

除了传统木鼓，一种用七根竹笛做的排箫在岛上也随处可见。各个海岛部落还有自己的长管、三孔笛子等传统乐器。我们在部落里看到威武的男子吹的大海螺，也从远古时代人们联络的工具演变成现代的乐器。

当地男子跳的草裙舞刚劲强悍，充满力量，很多动作来自攀山、爬树及战争搏斗，极富阳刚之气。导游告诉我们，现在全球风行的蹦极跳，其发源地就在瓦努阿图。一个民间传说解开了这个谜：

相传 1500 多年前一个叫圣灵降临的海岛上，有一位妇女不堪忍受丈夫的虐待，几次从家中出逃都被抓了回来。最后她逃跑不成，便爬上一棵藤蔓缠绕的高大榕树。丈夫发现后又不依不饶追赶到树上。那位妇女被逼无奈，决心反抗到底。当她的丈夫快爬到树顶时，她毫不犹豫地从高高的树顶跳下来。丈夫为了追她，也紧随其后从树上跳下。谁料那位妇女因藤蔓缠住脚踝平安落地，而她的丈夫却摔死在树下。部落的酋长为表彰该妇女的勇敢精神和坚强意志，便号召部落中的男子仿效其从高空跳下的行为，以考验他们的勇气。这件事传开后，逐渐演变成岛上的成人仪式，并选择在每年当地的主要食物薯类收获的 5 月举行。

逢每年 5 月的一天，部落里都要为 12 岁的男孩举行成年礼。男孩被藤条捆住脚踝，从搭建的木塔上向下跳，所用藤条没有弹性，在悬跳者即将落地的一刹那，藤条被拉紧，悬跳者双脚着地。这个行动足以考验男孩的勇气和意志，胆怯的人往往不被部落的人们接纳。悬跳结束，整个部落的男女老少则在塔下四周载歌载舞，庆祝男孩成功通过成年的考验。

这种蹦极跳的形式后来传到英国，被发展成皇室贵族的一种表演，表演者须身穿燕尾服，头戴礼帽。蹦极跳又传到新西兰及大洋洲、欧洲很多国家，新西兰还成立了世界上第一个蹦极跳运动协会。还有些国家将这种运动或表演直接称为"瓦努阿图蹦极跳"。

瓦努阿图各个部落的音乐、歌舞形式和内容大都源自传统生活。为了将民族艺术发扬光大，增进部落的友谊，独立后的瓦努阿图已举办了三届国家艺术节。艺术节在维拉港和桑托岛卢甘维尔市轮流举办。每届为期一周的国家艺术节已成为全国各岛屿、各部落民众自己的嘉年华。来自全国六个省许多海岛、部落的近千名艺术家带着最好的人像木雕鼓舞演奏、尤克里里吉他弹拨等音乐歌舞节目展示给观众，还有沙画表演、草篮编织表演等，精彩纷呈，格外隆重。艺术节同时还举办划艇比赛、当地视觉艺术展和文化专家研讨会。当地导游兴奋地介绍说，艺术节举办的日子，鼓乐震天，歌声乐曲不断。每晚艺术家与土著人背对浪涛起伏的大海，面对燃烧跳跃的篝火，唱歌跳舞，所有人的心境仿佛又回到了远古时代。

男人的舞蹈

聪慧的瓦努阿图人

如果你没有踏上这片岛屿，没有接触到瓦努阿图土著人，你决不会想到这些祖祖辈辈生活在偏僻的海岛部落里的美拉尼西亚人，竟是一代又一代聪明又有着创意思维的文化人！

令人惊异的原始艺术

在离维拉港不远的一个当地土著的工艺品市场，一组组精美的木雕、绘画、陶器等各种手工艺品令人惊艳，爱不释手。

当地的雕刻有着悠久的历史，原材料多取自岛上的黑棕榈等硬木，也有一些彩色的石头雕刻。看得出来这些雕刻艺术品都取材于部落土著人的传统和现实生活。有的选自部落英雄先祖使用过的武器，有的雕刻成鸟、鱼或海龟，还有的是以岛上人物或先人为原型的男女雕像，虽有些粗糙但不失生动逼真。

不少摊位上都摆放着一种带有舷外支架的划桨独木舟模型，这是承载着千百年情感和生命的航海工具，现在成了颇有历史和艺术价值的纪念品，打磨得十分精细。导游告诉我们，这已经成为当地最有名的代表性工艺品。

除了雕刻，市场上还有不少在布料及木头上的绘画制品。其实，瓦努阿图的沙画是当地土著人的传统“绝活”。在北部一些海岛上，最早是当地土著人用手在沙滩、泥土或火山灰上画出各种图案，用来描绘生活景物，记录和传播神话故事及宗教礼仪。在没有文字、语言不通的海岛，沙画也是部落之间人们交流沟通的工具。经过长期的发展演变，沙画已经成为一种表达情感、记录历史、传播知识等具有丰富文化内涵的传统绘画形式。当地优秀的土著艺术家不仅要精通绘画，还要能深刻理解沙画的深厚含义，能够讲述每幅沙画图案深层次的象征意义和历史、宇宙及人文知识等。

工艺品市场的独木舟等木雕

2003年，联合国教科文组织将瓦努阿图沙画列入了第二批“人类口头与非物质文化遗产代表作”。今天，这种古老的沙画传统仍然在海岛的部落流行。在北部的安姆布里姆岛上，当地的土著艺术家创作的沙画图案有数百种，已成为著名的世界旅游景观。由于传统的沙画很难长期保留，随着时代进步，现在沙画的图案已被广泛用在邮票、钱币及各种宣传品上，或制成针织品、木画、石画等向游客展示销售。

在市场上，还有不少陶器和编织手工艺品。据说当地1500多年前就有制陶业。编织篮子、垫子和手包的材料取自岛上植物的茎和叶。最有名的是谢泼德岛和福图纳岛上的土著妇女用露兜树叶编织的购物篮，已成为到此地的女性游客必买的旅游纪念品。

夜色降临，工艺品市场还熙熙攘攘。一位老年土著妇女手提一只编制精致的带盖购物篮出售给一名女游客，坚持收20美金不讲价。看到游客满意地买走了篮子，土著老人的眼光始终盯着远去的篮子，刹那间使人感觉出每一门传统手工技艺的背后，都闪现着手工艺人的智慧和心血……

世界上唯一的水下邮局

南太平洋群岛中有很多潜水爱好者和探险者的乐园，但瓦努阿图的潜水胜地颇有特色。

瓦努阿图最大的岛屿桑托岛，山林覆盖，溪流无数，最高峰是海拔1879米的塔布韦马萨纳峰。岛上的土著人过着种植椰子、可可或撒网捕鱼的自给自足的田园生活。桑托岛最吸引人的还是这里的潜水诱惑力。1942年，一艘载有5500名美军官兵，由豪华邮轮改装的运兵船在桑托岛附近触上了美军自己的封港水雷，致使船只很快便在珊瑚礁上沉没。沉船至今仍在水下几十米深处，距海岸仅百米之遥。附近还有一处叫“百万美元角”的海岸，也是潜水爱好者的好去处。第二次世界大战结束后，美军撤离桑托岛时遗留下大批现代化机械设备，建议岛上的英法共管政府购买，但遭到拒绝。英法共管政府知道美国政府为避免对战后经济造成混乱，已命令美军不要将多数军用物品运回美国，由此认为美军最终会将这些物品遗弃在岛上。结果，美军把所有能移动的价值数百万美元的物资设备全部推进海里。今天，当游人戴上潜水镜潜在水中，身边的船只、大炮、推土机、轧路机和铁轨等虽已被海藻覆盖，被珊瑚遮掩，但其轮廓仍然依稀可辨。

在各个潜水乐园中，最奇特的还是世界上唯一的水下邮局。这座奇特的邮局建在离首都维拉港30公里左右的海德威沙滩附近的海洋里，离海岸有三四十米远，在海面以下三米多深的水中。邮局从外观看像一个巨大的罐子，高约三米，直径只有两米。瓦努阿图邮政公司总部派出四名拥有海洋潜水证的员工在这所水下邮局工作。水下邮局每天在固定时间营业，游客多时，营业时间也会适当延长。每当水面上漂着挂有邮局旗帜的浮标时，人们就知道水下邮局开始营业了。

这真是当地人一个绝妙的创意！这座独一无二的水下邮局自2003年5月底刚一建成，就吸引了世界各地很多潜水爱好者和集邮爱好者前来探奇。会潜水的游客需要戴上呼吸器或套上潜水衣下到三米多深的海下，将防水明信片请邮政人员加盖带有凹凸花纹的特殊邮戳，然后投入水下邮政信箱。当员工和游客在水中办理邮政业务时，各种五彩斑斓、温顺可爱的热带鱼会在他们身边游来游去，令人感到大自然

“水下邮局”名信片

万物的和谐温馨。

当然，不能潜水的游客如果想通过水下邮局寄信，可以在附近商店购买防水明信片，用一种特殊的笔写好后，委托邮政员工将明信片投到水下邮箱。现在这个水下邮局每天能收到大批寄往世界各地的明信片。

一个小小的水下邮局，给原来并不出名的海德威海滩带来了大批游客，不能不让人对聪明绝顶的当地土著人刮目相看。

面具雕刻背后的“乌托邦”

逛维拉港的跳蚤市场，一个偶然发现引起了我们的注意：摊位上摆放的那一个个风趣生动、栩栩如生的脸谱及动物木雕，细看很少有造型相同的。如果你看好一款木雕没及时买下，等你转回来已被别人买走，就找不到同样的了。再细看其他的绘画和编织工艺品，也是每个摊位少有重样，各具特色。

陪同的当地导游告诉我们：这里的土著工艺品制作者们很讲规矩，除了复制古人留下的雕刻，基本形状不能改变，否则就是对传统的不敬；其余的工艺品都要各自独立创造，决不能随意模仿甚至抄袭。

长期以来，生活在瓦努阿图群岛上的土著艺术家有着很强的知识产权保护意识，在工艺品制作中崇尚独创性，决不抄袭别人。在岛上很流行的一些具有特殊风格的面具雕刻、木鼓或绘画图案等，已被认定是某个创造者或某个部落集体的知识产权，如果其他制造者想仿制，就必须要向产权所有者缴纳费用。

在传统生产木鼓的安姆布里姆岛和马勒库拉岛等一些岛屿上，传统木鼓的雕刻图案大多是属于某些部落家族的专利。这些部落家族之外的制作者若想使用该图案雕刻木鼓脸谱，必须要先向这个部落家族支付费用。

前些年由于国家发展旅游业，来海岛上的游人多了，市场上对传统木鼓的需求

夜晚的工艺品市场

明显加大，随之在维拉港出现了一些专门仿制传统木鼓的雕刻者。这种仿制行为与瓦努阿图的传统规矩相悖，因此引起了安姆布里姆岛等部落酋长的高度关注，发现仿制者就给予罚款处罚。很快，市场上的“山寨”木鼓就销声匿迹了。

瓦努阿图海岛上有一句话：土地权不是绝对的，但知识产权是绝对的。传统的力量加上外来文化的影响，使当地土著艺术家在创作中秉承了民族固有的公正、善良、尊重别人、勇于独创的品格。

没有严厉的法律法规，也没有知识产权保护组织，能给艺术家们一个艺术创作的原始乌托邦，这足以令人羡慕和钦佩。

幸福指数最高的国家

在海岛热带雨林中，令人吃惊的除了这里美丽静谧的景致、迷人的卡瓦，还有这里的贫穷，经济发展比原来的想象还要落后很多。我们经过的道路路况很差，路上看到的医院、学校都很简陋，商店里货物品种不多……火山、地震、飓风不断造成的自然灾害，等等。

更令人吃惊的是，面对这样的生存状态，瓦努阿图人却生活得很幸福。从 2006 年以来英国新经济基金会两次考察了世界 178 个国家，综合人均寿命、居民对幸福

热带雨林里的笑声

的评价、社会公平、人对环境的影响等因素发布的“全球幸福指数”排名中，瓦努阿图都荣登榜首，成为世界上“最幸福的国度”。

如此大相径庭可能会使人万分惊讶！

实际上，当你真正踏上这个国家，走进部落，了解当地的本土文化，这种对反差的惊讶就会减少很多。

瓦努阿图人非常重视传统，看重亲情，崇尚分享，乐天知命。这里的多数人都在乡村生活，有着千百年来根深蒂固的传统习俗，家庭纽带紧密，邻里关系和睦。每个家族都有一块祖传或酋长分配的土地，使得基本生活物资自给自足，多代同堂的家庭制度能够保证没有村民会挨饿。虽然自然灾害较多，但当地人顺应大自然，日出而作，日落而息，以树造屋，卧席而眠。他们生活简单，心态平和，大多数人没有割舍不下的万贯家财。房屋被毁，重择一地，很快就建起新的家园。这个国家经历了从石器时代到信息时代的跨越式发展，曾有过较长时间的殖民及英、法共管时期，1980 年独立后，除了英语、法语和比斯拉马语三种官方语言外，还有各个部落、岛屿的上百种语言，基督教等不同宗教也通过各种途径在此生根发芽。以上种种因素构成瓦努阿图传统为主、多元文化互不排斥的特殊社会形态，也塑造了瓦努阿图人率真、平实、豁达、包容的民族性格。

瓦努阿图的法定节日共 14 个，除了宗教意义和与国家民族独立有关的节假日外，有三个节日比较特殊：每年 3 月 5 日“酋长日”、11 月 29 日“团结日”和 12 月 26 日“家庭节”。瓦努阿图的很多岛屿部落都不受欧洲文化的影响，仍按照传统的方式生活。尽管各岛上的风俗习惯不同，但酋长管理、自给自足的农业方式等都是相同的。为了保护传统的生活方式，国家成立了酋长委员会，并在每年的 3 月 5 日全国公众假日向酋长表示敬意，其间要举行各种各样的庆祝活动，如体育比赛、狂欢节、农业商品交易会和艺术节等。1977 年 11 月 29 日，在英法共同托管下的瓦努阿图（当时称新赫布里底群岛）曾发生了骚乱，导致了许多人伤亡。瓦努阿图人

男人的微笑

水边的儿童

假日

快乐的夜晚

传统文化和服饰至今仍在很大程度上影响着每个家庭成员

等候家人

不想看到类似内部冲突再次发生，因此将11月29日定为团结日。每年的团结日，全国各个部族的代表要聚集到首都维拉港参加庆祝活动。团结日当天，各部落村民身穿传统服装跳舞、游行、举办体育比赛和音乐会，还会举行野餐或露营，教堂的牧师也要为国家的团结祈祷。

我们在瓦努阿图的日子，正临近国家的法定节日：家庭节。近些年，虽然一些有文化的年轻人到城市工作了，但在城市里的人与自己的家乡和家庭仍然保持着紧密的联系。另外城市和乡村中妇女的地位还不高，针对女性的家庭暴力也较普遍。尽管如此，当地人无论在城市还是在乡村，仍然把家族作为自己可以依托的归属。

为我们担任导游的一位土著女青年，家乡在离维拉港很远的海岛上，自己从职业教育学校毕业后就在首都做旅游工作，虽然现在游人还不多，但她很热爱自己的工作。这位面带微笑、善良淳朴的女导游告诉我们，马上就到圣诞节和家庭节了，她已倾尽所有的工作收入，买了家乡没有的食品和礼物，准备回岛上与族人、家人分享，感受大家庭的温暖。

返回维拉港已是黄昏。暮色中，码头旁一位身着艳丽服装的土著妇女静静地坐在海边岩石上，与我们目光对视时自然流露出莞尔一笑。她的不远处还坐着一些人。导游说，这些人都在城里工作，在此处等候在码头工作的亲人下班后一同回家。

待我们从附近跳蚤市场购物归来，码头的工人陆续下班了。只见那位身穿艳丽服装的土著妇女挽着自己丈夫的手跳上岸边的一艘小船，然后回头与岸上的人们摆摆手，小船静静地驶向远处有着依稀灯火的海岛。

记得一位哲人曾说过：什么是幸福？幸福就是有蓝天，有碧水，还有深爱的人。每天早上睁开眼睛，看见爱人和阳光都在，能获得这一点点，就会感觉到无比快乐和幸福！

幸福是一种感觉，并不只有奢华的物质享受。瓦努阿图人生活在一个并不追求消费的社会，大多数人向往家庭温馨、爱人相伴、邻里和睦和人心向善的生活。

这，大概就是神秘莫测的瓦努阿图成为全球最幸福国度的密码。

斐济

最早拥抱日出

翻开世界地图，南太平洋东西 180° 经线附近，有一片“倒 U 型”项链般的群岛，这就是彩色神奇的斐济。

被称作“曙光之岛”的斐济，每天最早迎接日出，所以这里的人们自豪地说：“我们每一天享受的阳光都是最新的！”

早到此地的游人已赋予斐济五个“S”—— SEA（大海）、SUN（阳光）、SAND（沙滩）、SURF（冲浪），还有 SMILE（微笑）。

斐济有众多岛屿，你只要置身其中一个，就会享受到多彩海水、清新阳光、美丽海滩和数不尽的度假项目，还有那至今仍然保持的独特且神秘的传统习俗，那种热带纯朴岛民带有原始美感的笑容，让你返璞归真，净化心灵……

“多岛之国”的斐济

夜里海洋上的风达到九级，浪很大。直到天蒙蒙亮，风浪才逐渐平息下来。

轮船减速行驶，经过远远近近、连绵不断数不清的岛屿，岛的形状各式各样，甚至有的奇形怪状，仿佛进入一个与世隔绝的神奇世界。

天渐渐亮了，岛屿从最早看到的轮廓到显露出浓绿的颜色，海岸上片片棕榈和椰林，环状珊瑚礁上浅色的沙滩，以及那几处茅屋村落，足以使你立即陶醉在这原始而纯净的魅力之中。

斐济享有“多岛之国”的美誉，整个群岛陆地总面积为1.83万平方公里，由503个岛屿组成，其中面积在2.59平方公里以上的岛屿有322个，有人居住的岛屿有106个。

斐济是南太平洋诸岛中最古老的群岛。其中主要的是维提岛、瓦努阿岛和塔韦乌尼岛三个大岛。它们当中维提岛是斐济第一大岛，面积为1.0429万平方公里，占全国陆地面积的一半以上，是斐济群岛中经济最发达和人口最集中的地方，也是首

走近多岛之国——斐济

斐济民族歌舞（蔡光 摄）

都苏瓦市和楠迪国际机场所在地。

斐济的国家名称就出自维提岛（Viti Levu）；其中 Viti 是名称，Levu 意为“大岛”。200 多年前，英国航海家库克到达维提岛时，听土著人的发音记录成“Fiji”（斐济），并写入了航海日志，后来以此传向欧洲。久而久之，“斐济”便演变为国名。

除了维提岛等三个大岛，斐济群岛的其余部分又被划分成六个群岛，即洛马维提群岛、劳群岛、毛阿拉群岛、亚萨瓦群岛、玛玛努卡群岛和罗图马群岛。每个群岛分别由几十个岛屿组成。

由于岛屿众多，居住分散，斐济历史上形成了一个多民族的国家。在全国 80 多万人中，土著斐济人有近 50 万，其余为印度裔斐济人、罗图马人、欧洲裔人、华人和其他太平洋岛国人。

斐济人有本民族的语言，即斐济语。但在长久的历史上没有文字，直到 100 多年前才在欧洲人的帮助下开始有了自己的文字。现在，斐济有三种官方语言，分别是英语、斐济语和印第语。除了三种官方语言，斐济不同地区还有很多种语言。

斐济数量众多的岛屿不仅有各自不同的语言，还有不同的民俗和特色。

距离维提岛东海岸不远处有一个面积只有八公顷的小岛，名叫宝岛。宝岛虽然面积小，但它在斐济名气却很大，因为这里是斐济族酋长们的故乡。19 世纪 50 年代，宝岛的酋长卡科鲍逐渐征服了全国许多部落和土邦，成为斐济的国王。宝岛至今还保留着当年酋长制度下的风俗习惯，还有高级酋长们的家和墓地。在岛的北部有一棵树干直径达两米多的参天榕树，这里便是当年酋长召集部落人的集合之地。至今大榕树枝繁叶茂，树盖如伞，据说树荫下可坐 500 人呢。

位于维提岛东北方向的瓦努阿岛是斐济的第二大岛。岛上除了有高耸的台地、陡峭的山峰和峡谷、瀑布，还有 20 多处温泉，有的温泉水温高达 80 摄氏度，当地人称这个岛是“太阳燃烧的地方”。

位于维提岛南面的小岛贝卡岛，不仅景色优美，而且以“走火仪式”而闻名。当地原住民经常在柚子树和柠檬树下举行“维拉维莱雷”仪式。斐济语“维拉维莱雷”就是“跳进火炉”的意思。走火仪式开始，人们先把许多大石头放到一个有树枝、木柴的大坑里，然后点火燃烧，等到石头发烫、炽热，走火者便光着脚纵身跳到石头上，有节奏地在坑里走圈，这些走火者的脚底丝毫没有被烫灼的痕迹，十分奇特。

斐济有许多这样有特色的岛屿：如维提岛南面的坎达武群岛是斐济第四大岛，岛上高耸陡峻的火山、壁立千仞的沟壑让人叹为观止。这里是世界潜水胜地，美轮美奂的大星盘珊瑚礁长达 100 公里，与澳大利亚大堡礁、埃及红海珊瑚礁并称为世界上三大珊瑚礁天然博物馆。这里的海洋是南太平洋最大的多样性海洋生物繁殖场所。潜入水下，层层叠叠的七彩软珊瑚、千姿百态的彩色热带鱼游弋在你的身旁，周围是数不清的海星、海参、海贝……又如玛玛努卡群岛中的金银岛，也是斐济最美的小岛之一，这里美丽洁白的海滩如人间仙境，每天只能接待 10 至 20 名客人；还有瓦卡亚岛，岛上有九间木屋，木屋四周是种满热带植物的大花园。当年比尔·盖茨的蜜月之旅就选择在这里，据说他还在岛上举办了传统的斐济婚礼。

“穿衣一块布，吃饭一棵树”

斐济群岛位于南纬 15° 至 25° 之间，属热带海洋性气候。这里冬无严寒，夏无酷暑，全年雨水丰沛。这里的原住民自古以来就依靠着大自然赐予的取之不尽、用之不竭的各种生物，过着“穿衣一块布，吃饭一棵树，喝奶一头牛，睡觉一棚屋”的简单生活。

千百年来的原始生活方式和炎热气候使斐济土著人只能用当地的蓑草编成一条草裙围在身上，后来又将树皮制成粗布裙，用来防蚊虫叮咬和遮风挡雨。

“穿衣一块布，吃饭一棵树”（蔡光 摄）

岛上生长着各种热带植物

海岛上树木繁茂，处处可以采摘木薯、芒果、椰子等，还有山药、毛芋等传统食物以及山坡上和树林中生长的各种野菜。当地人告诉我们，这里的一棵面包果树可以养活四口人。

在与西方文化接触后的百年间，当地人饮食中增加了作为蔬菜烹饪食用的香蕉等热带农作物，以及玉米、豆类、南瓜、胡萝卜、卷心菜、辣椒等温带作物。传统肉食仍是牛肉和鸡肉。近年来，除了苏瓦等大城市已有了主要为旅游者和外国人提供服务的餐馆外，一些集市和村落也能够购买大米、鱼罐头和其他农产品。

现在，人们每天的日常食品仍然非常简单，就是将毛芋、山药等和蔬菜煮熟了食用。只有逢国庆、婚嫁、祭祀等节日或周末全家聚会，才食用“地炉肉”这样的大餐。

“地炉肉”被称作斐济的传统名菜。在部落里，我们看到了“地炉肉”的制作过程：村民们在住宅旁的空地挖一个一米多深的土坑，坑里铺上两三层河边的卵石，将一块块新鲜的牛肉、羊肉加上些调料，用芭蕉叶包上绑好，装入用椰叶编织的网兜中，放入土坑里，再铺两层卵石，用干柴在石头土炉烧烤三个小时。烧熟后，焖上一夜。第二天早上，一兜兜的“地炉肉”热气腾腾，又嫩又鲜，有一股特殊的清香味道，口感也很好。

民以食为天，靠天然的食材烹制最朴实的食物，是劳作后的最好享受。这里的村民几乎家家户户都饲养黄牛，长年放养在山上，待母牛临产前才接回家中待产。而且家中都有哺乳的母牛，源源不断地为主人提供纯天然的新鲜牛奶。每天一大碗鲜牛奶，再加上当地的天然食物，就是村民们的标准早餐。

当地人居住也很简单。斐济的传统建筑是用树干作柱子和横梁，用椰壳纤维绳捆绑结实，上面铺上树枝编织的席箔，外层铺上茅草。这种房屋无门无窗，但能遮风挡雨，太阳也晒不着，所以非常凉爽。近些年一些村庄建起了现代住宅，但仍有不少村民还住在世世代代居住的传统房屋里。

村口

雨中的萨瓦尼村

雨中作客萨瓦尼村

尽管来到了南太平洋上的最大城市苏瓦，但我们最大的愿望还是去看看当地原生态的部落村庄。

上午刚一下船，我们如愿以偿地去了一个叫萨瓦尼村的村落。

萨瓦尼村在维提岛东部维多利亚山脉的半山腰，盘山路上层峦起伏，绿植覆盖，溪流潺潺，坡岭连绵。

车上一位当地女导游指着窗外说，萨瓦尼村后面有八处漂亮的瀑布，就连接着这条长长的小溪。我小时还没有脚下这条公路，爷爷带着我们从乡下去城里要沿着

小溪顺流而下。

正逢当地雨季，东部山里雨水多，一个多小时车程到达萨瓦尼村时，下起沥沥小雨。

深山里的村庄很少有远方的客人，我们又来自中国，村里要按照传统做法举行迎宾仪式。由于下着雨，卡瓦迎宾仪式临时从原定的空场改在村里最豪华的会议室。

雨越下越大。

村里的主持人妮拉真情地对我们说：老天为你们的到来而感动……

斐济人真挚、热诚而幽默。

大大的会议室地上铺着干净的草席，后面摆放着凳子。按当地的乡村习俗，此时只有男人才能坐在前面，女人只能远远待在后面。显然是观念

①为客人撑伞的姑娘

②隆重的迎宾仪式

③“欢迎来我家”

④“盼望你们再来”

⑤雨思——岛外的世界有多大，我想去看看

变化了，现在很多村里的妇女和孩子们都盘腿坐在前面。

随着现代文明传入，当地人穿衣在布料、工艺和图案上也开始讲究。只是男士除了上身衬衫外，下身仍是传统的裙子，充满了原始美感。依照当地风俗，女性不便袒露太多肌肤，平时都穿长裤，只有在礼仪活动中才穿长长的裙装。

服装有了变化，但传统仪式并没有改变。先由酋长用本地话致欢迎词，再请贵宾中选出一位长者为代表喝最尊贵的卡瓦酒，这种卡瓦酒在斐济也被称作“亚格纳”。从前，亚格纳在村里要由处女制作，她们把胡椒树根嚼成团状，然后放进水里。现在则将胡椒根用杵和臼磨碎，或用机器磨成粉状，饮时加水。就如在瓦努阿图一样，初饮碗中浑浊泥水模样的亚格纳，还是不大习惯那种强烈的辛辣味道。但传统的斐济人视亚格纳为须臾不可缺少的饮料。由于亚格纳代表了斐济的传统文化，又受到现代人的青睐，敬献亚格纳便成为迎接贵宾和举办庆典的必要程序，一直延续至今。当然，乡村部落不会轻易举行敬献亚格纳仪式，也不是所有到访者都能荣幸地受到此种礼遇。导游说，只有在“红花节”和火把舞的走火仪式等节日，村里才能如此隆重。

小伙子表演斐济传统的“坐舞”

姑娘小伙像过节一样

接下来便是村里土著人展示自己制作的工艺品：椰子壳制作的精致小碗、棕榈树皮编织的精美扇子……

几名面部涂成黑色、上身赤裸、穿着树叶裙的当地男子手持木棍表演粗犷豪放的传统舞蹈，舞蹈动作表现古代斐济武士英勇彪悍、出征作战及农耕狩猎的生活……

部落的艺人们用传统和现代乐器起劲地伴奏，妇女和孩子们拍着手用歌声欢迎我们。村民还准备了很多当地的农产品让我们品尝。这里地处海岛东部山区，雨水大，不产芒果，只有西瓜和菠萝，所以一些水果是清早专门从集市上买来的。听导游介绍，今天也有很多人是从周围村落走很远的路赶来参加这个盛会的。由此看出敬献亚格纳仪式果真是村落中重大事情，而作为客人，也只有经过此仪式才意味着

唱起了惜别的歌曲

是本村人的朋友，才被准许在村落里自由参观。

雨还是下个不停。身着鲜艳连衣裙的斐济族姑娘们举着大大的雨伞，陪同我们在村里参观。

这是一个不大的村庄，村中大多数是金属或木材搭建的高脚房屋，上面居住，下面晾衣，居住条件较之过去的棚屋已有了明显改善。我们还走进几户家庭，家中的摆设虽然简单，但也有冰箱和彩电。

走在村中的小路上，椰风习习，鲜花盛开，炊烟缭绕，这个几十户人家的山村部落在雨幕中更显静寂秀丽。

离开萨瓦尼村，雨停了，村民们在村口唱着歌恋恋不舍地向我们的车窗招手。导游告诉我们，他们唱的略带凄楚、情意绵绵的歌曲是一首流传了几百年的斐济民歌，这首与亲友惜别时的歌曲，歌名叫《依萨勒》。

苏瓦的微笑

斐济的首都苏瓦像一个温情的母亲，将自己可爱的孩子“苏瓦港”紧紧搂抱在怀里。

从邮轮下来仿佛仅有半步之遥，便走到苏瓦最繁华的商业中心。

苏瓦市位于维提岛东南部的苏瓦半岛上。原来是一个小渔村，后来由于这个半岛三面环山一面临水，是防范台风的天然港口，国王卡科鲍于1882年将首都从奥瓦劳岛的莱武卡迁到苏瓦。经过一百多年的开发，苏瓦已由一个小村落发展为面积约为20平方公里、中心市区面积为8平方公里的城市，它不仅是斐济的第一大城市、政治和工商业中心，而且是整个南太平洋除澳大利亚和新西兰之外的岛国中最大的城市。

在南太平洋岛国中最大的海港城市徒步行走，用双脚感受一下这个世界上既是最东又是最西的神奇地方的魅力，是我们多日的企望。

苏瓦老城区多是两层楼房，有的还是百年老楼，很少的高层建筑也是近年新建的写字楼或星级酒店。市区有多条河流，道路不很宽，也有很多不规则的单行道及莫名其妙的岔路口，看出是百年来城市建设的痕迹。道路两旁是高大的椰子树及其他开花树木，如茵的草地遍布街巷各个角落，街心公园也随处可见。

正逢雨季，时而飘落着清新的雨点。老城区的商业街两侧建筑物的一层全是长长贯通的雨廊，体现出百年来规划建造者的用心。

苏瓦还是斐济的文化教育中心，南太平洋大学就坐落在这里。南太平洋大学由南太平洋中的12个岛国联合创办，成立于1968年，各国元首或政府首脑轮流担任校长，是全球仅有的两所区域性大学之一，是南太平洋地区的最高学府。现有来自各岛国及其他国家的学生 1500 余人。南太平洋大学在一些岛国中还设有专业性的分校。除此之外，苏瓦市区还有斐济技术学院、斐济医药学校、太平洋神学院等高等专业学校和 12 所中学、23 所小学。

近二三十年，随着斐济城市化的进程，大量人口从乡村涌入城市。据统计，1990 年时苏瓦只有 7.5 万人，至 2007 年已增至为 17 万多人。随着城乡差别的扩大，我们在萨瓦尼村所感受到的斐济人的真诚、质朴、热情、友好，是否也带入到城市生活中？

当我们凭着一张游览图走过几个街区，融入来来往往的行人和熙熙攘攘的闹市中，原来的疑问逐步有了答案，美丽的苏瓦人还保持着那美好、淳朴、好客的民风。

街上迎面走来或擦肩而过的行人，不论何种肤色，只要偶然与你目光相遇，马上给你投来一个真挚的微笑。

街道两旁的营业员、保洁员、擦鞋匠……只要走近他们，都会笑容可掬面对你。

我们向一位当地年轻人问路，他不仅给我们指路还带我们走一程。

这一切都很真诚、温馨，出自内心的热情好客，尽管在略显嘈杂的时尚城市，斐济人仍保持着传统美德。

正下着雨，按照年轻人的指引，我们匆匆走在路上，准备去参观离商业区较远的总统府。此时，突然一辆小轿车停在我们身旁，车窗里闪出一个中国女孩的笑脸："是去总统府吧？下雨了，上车吧！"在异国他乡遇到同胞的盛情，我们不容置疑地上了她的车。

这位来自西安的中国姑娘二十六七岁年纪，已在当地工作了三年。在车上，她给我们介绍了斐济的风土人情、斐济人的热情好客以及几代华人在这里奋斗的故事。

总统府位于一个绿草如茵的小山岗上，是一座白色的欧式建筑，旁边不远是灰色的政府大厦和斐济历史博物馆等建筑，还有建于 1917 年的太平洋大旅社。

最有特色的是总统府广场入口处的卫兵，他手持长长的步枪，上身穿红色欧式

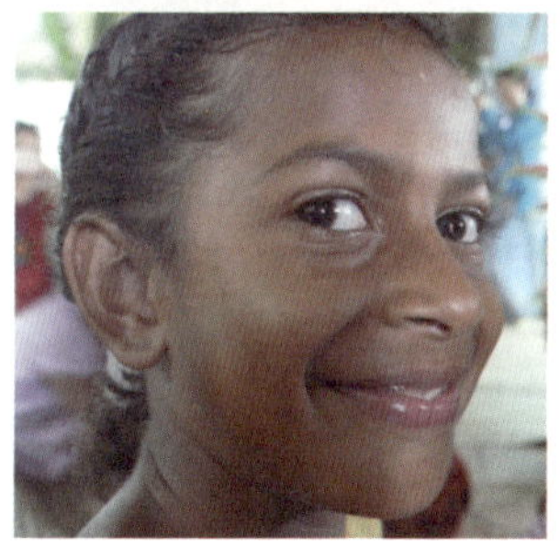

“布拉”（你好）是斐济人使用率最高的一个词。在苏瓦街头，你能时时感到斐济人的热情微笑完全是发自内心的。斐济有句流传很久的格言：“我活着，所以我快乐！”

苏瓦街景

圣诞节快到了

不远处是百年教堂

苏瓦商业区

苏瓦码头

古典军服，下身为白色裙子，裙子的下端带有一些如三角旗形状的缺口。卫兵的头上不戴帽子，双目直视，纹丝不动，俨然一座雕塑屹立在风雨中。

看到我们满意地拍了照，姑娘执意要用车送我们回码头。我们不想过多占用她的时间，同时还想在街上多走一走。由于我们的坚持，她同意将我们送回上车时的商业中心。

姑娘看着窗外渐渐降临的暮色，叮嘱我们早点回码头。并告诉我们，虽然这里的民风淳朴友善，但随着社会动荡，贫富差距拉大，人口激增的苏瓦也出现新的治安问题……

待姑娘将我们送到目的地，并指给我们回码头的路线时，我们才想起询问她的姓名。

她说："就叫我陶子吧！"

陶子在车窗中的回眸瞬间，我们又看到了甜蜜的笑容。

回到苏瓦港，已是灯火闪烁。苏瓦港是斐济第一大港，也是南太平洋岛国中最大的天然良港，最深处达 120 米。苏瓦港的第一个码头修建于 1881 年，自首都从莱武卡迁到这里后，百多年间苏瓦港愈加繁荣。20 世纪 70 年代以来，港口发展迅速，引进了先进技术设施，并在 1982 年港口进行了重建。目前已有长 500 米的国王码头等三个码头以及 13 万平方米的库房和可容 600 个箱位的集装箱区。现在，苏瓦港通过太平洋连接世界各大洲，并和南太平洋各国有定期班船，每年进出苏瓦港的轮船有 1000 余艘。

站在港口，环顾夜幕中港湾秀丽的群山，如画的景色使我们驻足。这时，一辆警车开来，一位女警察从车窗问我们是否需要帮助，听到我们的回答，她面带微笑离去。

此刻，回头再看夜晚的山城苏瓦，已是万家灯火。那家家窗子透出的灯光以及无数的路灯、车灯、霓虹灯，仿佛是张张笑脸。

这是一个难忘的下午，苏瓦让我们收获了许多微笑。

鲜花盛开的街头市场

从市场看“无癌之国”

有人说，若想短时间内了解一个地方国民的生活，就去逛它的市场。此话极对。这不，在苏瓦商业区，我们逛街时转遍了这里大大小小的店铺、市场。

码头左侧，是苏瓦市区最大的蔬菜水果市场。耳上戴着一朵鲜花的胖大嫂们将各种水果摆放得整整齐齐：芒果、木瓜、菠萝、香蕉、椰子、西瓜、面包果、爱情果、橘子、波罗蜜等应有尽有；毛芋、木薯、茄子、萝卜、西红柿、四季豆以及很多叫不上名字的野菜品种也很丰富。

陪同我们的导游说，当地的水果蔬菜不论是野生的还是人工栽培的，都任其自由生长，从不使用任何化肥和农药，是纯粹的绿色健康食品。

她还介绍说，这里出售的鸡肉、猪肉等都是货真价实的原生态肉食。当地的牛、羊、猪都是靠吃草长大，从不喂含有任何化学合成物质的饲料。

在国内时，曾看到介绍斐济是“长寿之国”“无癌之国”的资料。斐济是迄今为止世界上少有的没有发现癌症患者的国家，这得到了当地导游的证实。

斐济人之所以从来不患癌症，除了当地的自然环境外，可能与他们的饮食习惯有直接关系。

市场里不少摊位都出售的荞麦和杏仁、杏干等食品也引起了我们的注意。据说当地人很喜欢吃荞麦、杏仁和杏干，几乎是每日三餐必要的伴食。荞麦含有的蛋白质、多种维生素、矿物质和微量元素硒等，都具有良好的抗癌作用。现代研究证明，杏果含有某种特别的抗癌物质，能杀灭癌细胞，而对正常细胞毫无损害，是一种较理想的抗癌水果。 杏仁中含有的大量维生素 B17，正是美国等国家正在研制的抗癌特效药的重要成分。

继续逛市场。走进旁边一家商店，一位眼睛大大、皮肤黝黑的美丽姑娘热情地向我们推荐一种用“诺丽”加工的食品。诺丽是一种对人身体十分有益的野生植物。我们在塞班时见过出售的“诺丽”。据介绍，诺丽在东南亚和大洋洲部分海岛也有生长，但都没有在斐济生长的品质优秀。斐济很多岛屿富含火山灰的腐殖质土壤造就了高品质的诺丽。科学研究表明，诺丽中的氨基酸等独特成分对癌细胞的抑制作用，在各种植物果实中是独一无二的。现在很多崇尚自然疗法的西方人都将诺丽作为食疗秘方，来配合现代的抗癌治疗。

诺丽树是南太平洋群岛上一种四季开花结果的常绿灌木。诺丽果、诺丽叶被加工制成药品和养生保健品

其实，诺丽在斐济已有两千年食用史。斐济

的历史悠久，经考古学家考证，3000 年前斐济群岛上就有人居住。而据斐济有关资料，斐济人的祖先由大酋长鲁吐纳索巴索巴率领，从东南亚一带出发，经过巴布亚新几内亚和瓦努阿图，最后到达斐济。以后他们又同波利尼西亚的汤加人通婚，最终形成了现代斐济人。

在漫长的岁月里，聪明的斐济人不仅栽种各种农作物，而且从热带雨林中采集很多植物的根、皮、叶、芽等用来治疗各种疾病。在商店里也看到销售枇杷、苦蘵、鬼针草、薇甘菊、马蹄草等药用野生植物。土著医生在当地深受人们尊重，他们的治疗方法也很奇特。一些部落至今还有自己的野生药物治疗祖传秘方。尽管近年斐济的城市医疗已在大洋洲海岛达到较高水平，但在不少乡村特别是离医疗中心

水果市场

蔬菜市场

较远的海岛部落，土方和那些神奇的草药还被人们广泛使用。

现在，斐济传统医学仍然是斐济文化中有重要价值的组成部分。

我们没有找到斐济人平均寿命的有关资料，但接触到的当地青年人和中年人普遍长得高大强壮，在乡村也遇见了多位长寿老人。

导游姑娘说，她的爷爷奶奶已经80多岁，还经常上山里去采摘野果子。

漫步斐济市场是一种享受，更是一种快乐。在当今世界上很多地方都“谈癌色变”的时候，斐济人却不知癌为何物，不能不使我们为这些幸福的“无癌之国”的国民们感到快乐！

绿色的包装

拥抱全球的第一缕阳光

斐济不仅是多岛之国、花园之岛，还是全世界第一个迎接新的一天到来的地方。

地球上新的一天究竟应该从哪里开始，到哪里结束？几百年来，随着各个国家交往的日益增多，这个问题曾产生了不少误会和麻烦。1884 年 10 月 13 日，在华盛顿召开的国际天文学家代表会议决定，以经过英国伦敦东南格林尼治的经线为本初子午线，作为计算地理的起点和世界标准“时区”的起点。经度自本初子午线开始，分别向东、西计量，各自 0° — 180° 或各自 0 — 12 时，整个地球的表面被划分为 24 个时区，180° 经线则作为区分前一天和第二天的“国际日期变更线”。

这条大家公认的本初子午线正式划定后，使各地计时变得十分简单统一，所以从一百多年前一直沿用至今。

正是这条 180° 经线穿过斐济群岛，将斐济一分为二，因此斐济成为一个名副其实的“子午线上的岛国”。由于 180° 经线是东西两个半球的分界线，是“昨天”和“今天”的分界线，斐济地跨东西两半球，成为地球上既是最东也是最西的国家。

“日出”是岛上很多土著人绘画表现的题材

看到世界上最早的朝霞

斐济当地时间比格林尼治早 12 个小时，比北京时间早 4 个小时。每年 11 月至第二年 3 月，斐济实行夏令时，时间又提前 1 个小时。

按照最初国际日期变更线的划法，这条线恰好穿过斐济第三大岛塔韦乌尼岛北部的城镇瓦伊耶沃。一个几百人的小镇，镇东部和镇西部要分别使用两个日期。为避免一个国家因分属两个半球而造成时间混乱，国际日期变更线在此处稍有拐弯，从而将斐济全境圈入东半球时区。

斐济人骄傲地将自己国家称为全世界“迎接新的一天的大门”。

现在，这个只有几百人的瓦伊耶沃小镇已建起了大大小小许多酒店和度假村。每到新年临近，世界各地的游人赶到这里，等待新年的第一个日出。据当地人说，被这第一缕阳光照到的人，这一年都非常顺利，好运当头。

每当这些天，塔韦乌尼岛就会更加热闹，很多商家早早准备了新年礼物。而紧靠在国际日期变更线“子午碑”旁边的一家商店，店名就叫“世界上第一家开门”。

汤加王国
珊瑚岛上的神秘与奢华

一种极其微小的珊瑚虫，繁衍滋生，经过亿万年，竟在浩瀚无垠的海洋中堆积起一座座珊瑚岛。

汤加人祖祖辈辈就生活在大自然赐予的这片美丽的珊瑚岛上。他们建立了自己的王国，自豪地守护着独一无二的大自然景观和传统文化。汤加人淳朴真诚、热情好客，常常把用鲜花编织的花环挂到客人脖子上……

从古至今，从血腥走到文明，是什么原因使这个南太平洋海岛中唯一的君主制国家盛盛衰衰、延续千年？

登上神秘的古珊瑚岛国，走进触动人心的汤加，拥抱她奇特的景致和南太平洋上独有的王室文化……

汤加王宫

海岛上最后的王室

从斐济苏瓦港口启航，邮轮经过一整天航行，第二天清晨便抵达汤加王国的首都努库阿洛法城所在的汤加塔布岛北部海岸。王室成员、政府官员、中国驻汤加王国使馆的大使和他的同事们很早就赶到港口迎接我们。

在淡淡的晨曦中，最先映入眼帘的是海滩深处掩映在苍翠树林中的汤加王室的宫殿，这是南太平洋上唯一的一座王宫。

三层高的王宫面海而立，白色墙面，红色屋顶，端庄、华贵、大气的建筑坐落在绿茵茵的草坪上，显得美丽而恬静。这栋维多利亚式的王宫建于1867年，从创立汤加王国的图普一世到现在的国王都是在这里加冕登基。

汤加王国从公元10世纪起至今共经历了四个王朝。相传图依汤加家族是汤加王国最早的统治者，曾统治汤加达数世纪之久。汤加帝国在13世纪达到鼎盛，建立了包括斐济、纽埃、富图纳群岛和萨摩亚群岛在内的海上王国，并持续了近两个世纪。公元15世纪起国家频发内乱，王室权力分化，致使17世纪出现了三个王朝并存的局面。经过18世纪末至19世纪初的社会动荡，图依卡诺柏鲁王朝的陶法阿豪在基督教的帮助下平定了各方叛乱，统一了汤加，建立了中央王国政府，成为图普一世国王。

此时，正逢欧洲列强在南太平洋各个国家推进殖民统治，邻国斐济等岛国已沦为殖民地。图普一世国王及时颁布宪法，实行宪政，并强化统治，禁止将土地出售给外国人。通过与欧洲国家签订一系列条约，保护了汤加不受外族侵害，并促使当时两个最大的欧洲帝国德国和英国认可了汤加王国的独立地位。

从血腥到文明，这个动荡的岛上王国在文化的碰撞和政治的纷争中曾几度创造辉煌。1918年，图普二世18岁的女儿继承了王位，即萨洛特女王，也被称为图普三世。由于图普二世时期英国不断干涉汤加内政，慑于英国的强势，汤加在20世纪初沦为英国的保护国。在西方文明的冲击下，汤加国民的自信心渐失，民族认同感降低，国内宗教信仰也四分五裂。萨洛特女王凭借她的宽容、和蔼、热忱和优雅，实行亲民爱众的开明统治。她领导人民热爱本民族的传统和文化，开展了大量的保护国家传统习俗和礼仪的工作，并在西方学者的帮助下，追溯记录汤加民族的传统历史和文化，在很大程度上增强了民众对自身民族价值的认同。此期间，女王全力推进农业、医疗和教育事业，人民的生活、教育和健

（上图）王宫的卫兵
（下图）王宫附近咖啡馆里的老人

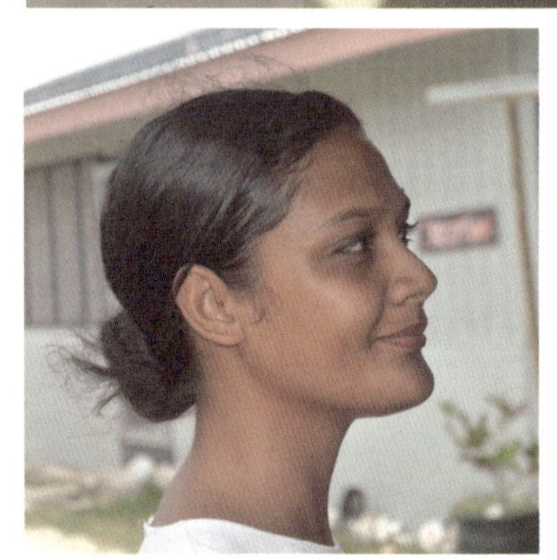

王宫旁的少女们

康状况得到稳步提升。

萨洛特女王在位时，她的王宫大门对包括贵族和平民在内的所有人敞开，通过与各个阶层人们的亲密接触，增强了王室与民众的亲近感。萨洛特女王在位的 48 年，被世人看作汤加历史上的黄金时期。

我们缓步前行，离王宫不远处就是国王陵墓。图普一世、图普二世、萨洛特女王以及 2006 年去世的图普四世都在此长眠。据说 1965 年萨洛特女王去世时，举国悲痛。许多人至今还在怀念这位以其热忱和正直使汤加避免陷入社会和道德困境的女王。

汤加王国“九大怪”

作为海岛王国的汤加，确实有着与周围众岛国不同的带有王室印迹的独特文化。

抵达努库阿洛法的当天下午，我们应邀去塔布岛村做客，亲身感受到这些村民们的居住、服饰、饮食和歌舞音乐艺术的气息。

在汤加王国，每逢庆典，男女老少都会穿上节日的盛装，连王室成员和政府官员也不例外。但人们绝不会想到，这些华丽的衣服竟然是用树皮制作的！

当然，树皮衣不是将树皮裹在身上，而是将桑树或无花果树的树皮做成布料，这种树皮布在当地被称作“塔帕”，至今仍是纯手工制作。我们在塔布岛村观看了塔帕的制作过程。当地人将剥下的树皮用水浸泡，然后放在木板上，由妇女们用木槌反复捶打树皮，数小时后，这种韧性十足的树皮就会变成薄厚不一的布料，之后经过印染，不仅色彩绚丽，而且结实耐磨。汤加人除了用它缝制衣服外，还用它做床单、桌布、地毯等日用品。

随着与外界交往增多，现代汤加人的服饰风格日趋国际化，我们在努库阿洛法看到不少当地人特别是青少年大多也都穿着棉麻化纤等布料的衣裙，但树皮衣作为传统制作工艺仍旧被保留下来。由于受王室文化和基督教文

卡罗瓦伊村的一家人

化的影响，汤加人相对保守，不允许赤裸上身，假日和安息日不允许在公共场所穿无袖的衣服，尤其是参加礼仪活动时，需要用衣物遮住肩膀和膝盖。

我们还观摩了当地妇女编织草席。和制作塔帕一样，用岛上随处可见的露兜树的树叶编织草席也是汤加人日常生活的一部分。平常妇女坐在一起，边唱歌边编织，气氛热烈融洽。家家户户将编好的草席视作最珍贵的财产，并在重要场合作为最正式的服饰围在腰上，称作“塔奥瓦拉”。制作精美的塔奥瓦拉尤其珍贵，会代代相传。据说当年萨洛特女王在登基典礼上以及迎接英国伊丽莎白女王来访时，身上穿的塔奥瓦拉已有600年之久。

我们在塔布岛村还看到了当地人用椰子树干和树皮搭建的住屋。这里虽然没有院落的概念，但人们都喜欢在房子周围栽种一些能散发香气的树木。随着习习微风，村子里一年到头都香气袭人。

当地人介绍，这种“椰树屋”就地取材，成本低廉，搬动方便。海岛上全年温暖湿润，即使气候最冷时也能达20摄氏度以上，因此这种独特的房屋只需用来遮雨，而

①卖塔奥瓦拉的女人 ②编织品 ③价格写在香蕉上 ④农产品市场

汤加王国发行的用金属箔片印制的邮票
（张学启　供图）

不需考虑防寒。由于搭建起来速度快，哪怕被飓风摧毁，用不了几天就可以重建一座。

旅途中，有爱好集邮的朋友买来了当地的邮册。大家一看，这里的邮票不仅带有王室文化气息，而且形式多样：三角形、十字形、水果形、动物形、房屋形、轮船形、地图形等，邮票的内容也涵盖广泛：人物、动物、植物、生肖、历史事件等。据说汤加于 1886 年就开始发行邮票，其中曾有一套形状如心形和汤加塔布岛的邮票仅仅发行了十枚，现在每枚的价格已高达 20 万美元。

有人曾以所见所闻编了顺口溜“汤加王国九大怪”：树皮做衣真不赖，椰树造屋速度快，项短腰粗好身材，国民全是王室后代，飞狐挂树不会摔，旱季水少金难买，神秘小岛沉入海，铁筒装信水上来，啥模样的邮票都敢卖。

一路上边游览边琢磨，这“九大怪”中的每一“怪”，无不体现汤加人的聪明才智，体现汤加人与大自然的和谐一致。

汤加邮票——王国的名片
（张学启　供图）

汤加人为何“以胖为美”？

努库阿洛法的街上很安静，静得让这里的王室建筑、百年教堂更显出古典与威严，增添了几丝神秘，走在街头令人无限遐想。

努库阿洛法虽然是个小城，但两万多人口已占到全国总人口的五分之一。这里在19世纪初时还是一个小村庄，1875年王室迁来，才成为王国的首都。在汤加的神话传说中，努库阿洛法包括两个含义，努库是“居留”的意思，阿洛法是“爱”的意思。

果真是个充满“爱”的小城。我们在离王宫不远的咖啡厅品尝了当地的咖啡，又走进一个很大的果蔬市场选购水果……无论走到哪个角落，都有热情、淳朴的当地人主动向我们打招呼。

街上所遇见的当地人大都安然悠闲，说话时笑容可掬，而且多数人体态都很丰满，这与来之前所听到的差不多：汤加人“以胖为美”！

汤加王国传统的审美标准是以胖为美。无论男女老幼都以体态肥胖、项短腰粗为美，以身材窈窕为丑。女人必须胖到一定程度才能嫁出去，那些不够肥胖的女子为了增添姿色，往往要往腰上一圈圈缠布来增加腰围。

这种“以胖为美”的审美标准，来自传统的观念和习俗。长期以来无忧无虑、万事不愁的海岛生活养成汤加人特有的宽厚性格，与世无争，心宽体胖。久而久之，从王室到民间，人们崇尚肥胖。反映到婚姻关系，最受男性爱慕的美丽姑娘必须是脖子粗短、体型浑圆、臀部肥硕，不能有腰身，认为这样才能给夫家带来好运。而且千百年来，体重在汤加人心目中还是一种文化标记，越重的人通常代表其

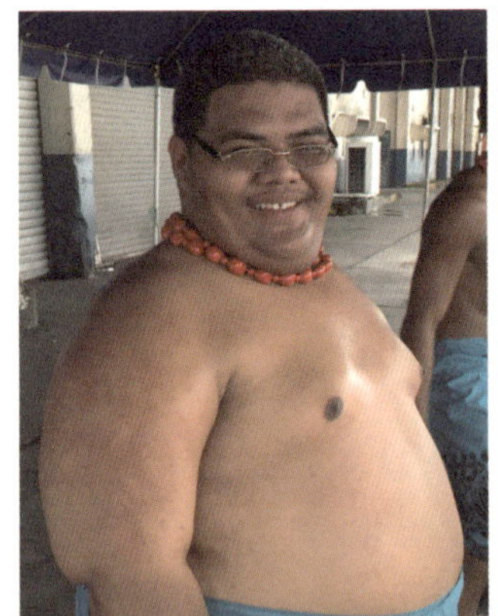

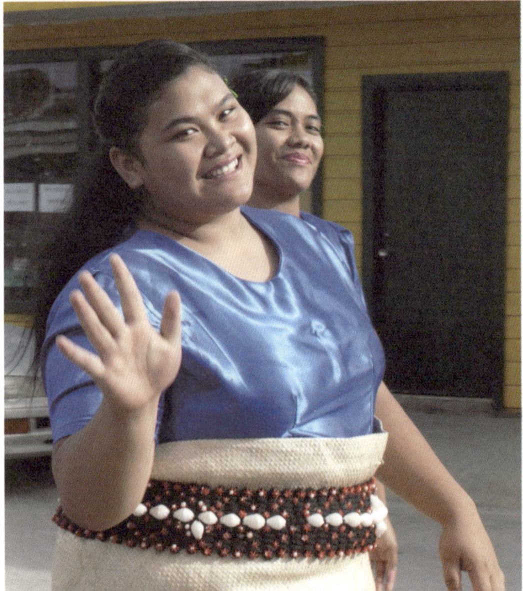

“以胖为美”的汤加人

社会地位越高。

当然“以胖为美”的审美观还与汤加人的饮食习惯、自然环境有密切联系。汤加人每日的饮食主要是山药、木薯、红薯、芋头、面包果等极富淀粉的热带根茎作物，过去没有种蔬菜、吃蔬菜的习惯。当地炎热潮湿的气候也使得很多汤加人不爱运动，喜欢宅家，过多摄入的蛋白质和热量造成多数成年人的体重严重超标。

在汤加流传一则笑话：由于汤加国内民航用的是载客 20 多人的小飞机，座位也较小，当地不少体重过量的人乘坐飞机很困难。有一次，由于乘客中胖子太多，致使飞机超载，飞行员不得不请两位最胖的乘客下飞机，才保证航班安全起飞。

陪同我们的导游介绍，随着社会发展及汤加与外界交往的日益增多，王室和民众逐渐意识到肥胖对于个人健康乃至社会经济发展的消极影响，这种“以胖为美”的观念近些年正在发生变化。

汤加前国王图普四世身高 1.83 米，体重曾达到 209.5 千克，是世界最胖的国家元首，还被载入 1976 年的吉尼斯世界纪录。国王患病后，开始挑战汤加“以胖为美”的传统，决心减肥。为了减肥，国王曾专程到美国求医。美国医生建议国王每天只吃三个山药。但这位美国医生哪里知道，汤加的一个山药就近两米长，重一二十斤。

为了减肥，图普四世国王开始运动和节制饮食，并在每天早上骑自行车锻炼。至 2006 年去世前，国王曾多次在全国倡导健康生活方式。国王的倡议得到国民的积极响应，现在国内已在发展橄榄球运动，体形健硕、精神焕发的橄榄球运动员开始引领汤加人新的审美标准。近年汤加每年都举行全国和各个地区的选美比赛，入选的姑娘个个身材窈窕，健康苗条正在逐渐变成社会时尚。

据说努库阿洛法已经开了几家健身房，吸引了不少年轻人去健身减肥。

在街上，我们偶遇一队当地少女的盛装游行，大概在参加校庆之类的活动吧。少女们黝黑的笑脸、健壮的身材令人相信“以胖为美”的传统观念已发生了质的变化。

遗存至今的"三石门"（王金峰　摄）

三石门——永恒的王国记忆

位于汤加塔布岛北部的纽托瓦村，矗立着一座由三块巨大的珊瑚石柱构建的石头拱门，被称作三石门，也叫三石塔。这是古老的汤加王国的建筑遗存，也是南太平洋群岛上最著名的古迹之一。

据考证，这座三石门始建于公元 1200 年，每块重量分别在 40 吨以上的巨石是古代汤加人用大型独木舟从很远的瓦里斯岛运来的。

为什么要从遥远的海岛运来巨石建造这座石门，三石门在当年是什么建筑？

汤加王国的早期历史没有文字记载，人们传说纽托瓦村一带曾是古汤加王宫所在地，三石门是王宫的拱门，由 13 世纪初的国王依塔图依下令建造的。13 世纪初汤加王国已征服周围海岛部落进入鼎盛时期，三石门内外当年是华丽的王宫和繁闹的街市、码头。相传国王在这里接见各海岛部落首领。来到王宫的人们由此门进入到一块竖立的由平板巨石制成的王座跟前。巨石就是国王座椅的靠背，据说这样可以防止有人从背后刺杀国王。

后来，汤加王国的王宫几易其址，但都未搬离汤加塔布岛。因为这个岛屿是国王所属的图依汤加家族的发祥地。在当地的土语中，“汤加”为“圣地”或“神岛”之意，汤加王国的国名也是由原住民对汤加塔布岛的称呼演变而来的。历经战乱和王朝更迭，这座已近千年的三石门始终作为王朝盛衰的记忆和王室的神圣象征保存至今。

直到不久前的图普四世国王时期，人们发现三石门巨石横面上刻有直线型凹沟，这些纹理符号分别指向一年中最长日和最短日的日出的方向。因此这次研究考证提出三石门不是旧的宫廷拱门，而是指示季节的观象工具，反映了古代汤加的天文科学萌芽。

这座造型质朴独特、饱经王国历史风云仍屹立至今的三石门一定还有许多尘封数百年的秘密值得探寻……

努库阿洛法城内的老教堂

新建的教堂

汤加塔布岛观奇

汤加塔布岛上没有高耸的山峰和蜿蜒的河流，却有着南太平洋上独一无二的奇特的自然景观。

每年的 6 月至 11 月，汤加是世界上为数不多的可以在海上近距离观鲸的最佳景点。每到这时都会有为数众多的座头鲸从南极游数千公里，聚集到汤加附近海

域，在此求偶、交配、繁殖及养育后代，也吸引了世界各地的大批游客慕名前来观鲸。在瓦瓦乌群岛周边海域，游客可以潜入水中，在距离仅十米远的位置观察座头鲸。这些十五六米长、三四吨重的庞然大物，游动缓慢而优雅，对周围的游泳者既不害怕，也不攻击，而且见到你后还会游得小心翼翼，甚至发出阵阵轻声鸣叫，让人称奇。此时的汤加，俨然成为一个人类和鲸鱼浪漫同游的水下王国。

位于汤加塔布岛南岸的喷潮洞与萨摩亚的萨瓦伊岛喷潮洞齐名，是南太平洋上罕见的海滨奇观。我们乘车到达这里时，已有不少观潮者。只见东西绵延数公里的海岸线珊瑚礁林立，漫长岁月里滚滚洋流和海水的侵蚀，使无数的珊瑚礁形成许许多多千奇百怪的孔洞。每当涨潮时，太平洋的惊涛骇浪汹涌地扑过来，海水穿过礁

汤加塔布岛南岸绵延数公里的海岸线布满了奇特的珊瑚礁和喷潮洞

喷潮瞬间（张学启　摄）

石中成千上万的大小洞穴喷涌而出，在空中形成数十米高的水柱，在灿烂的阳光下格外绚丽壮观。一次与一次不同、一波又一波此起彼伏喷薄而出的潮柱使兴奋的人们忘掉了一切，观潮的游人中不时发出惊叫声和赞美声，流连忘返的人们都目不转睛地等候下一个更美好的喷潮出现……

大海之滨是海岛上最奇异最美丽也是最动荡不安的地方。在这里，波浪无时无刻不在猛烈地拍打着海岸，退潮的时刻将陆地的泥沙和植物带回大海。喷潮洞沿岸是大片的奇异树木，其中有不少是曾经生长在海底的植物。这些大洋中的树木是地球上最坚韧、适应性最强的生物之一。当地导游指着远处的一片红树林告诉我们，这些有着粗大而扭曲的树干、盘根错节的树根和深绿色枝叶的红树木，竟然不是岛上原来生长的植物，而是来自南美洲大陆。这些红树植物

香蕉树

曾经生长在海中的树木

原始森林

的幼苗可能是随着洋流从大西洋漂流到南太平洋的汤加和斐济的海滨并在此扎根成长。据说红树植物最早生长在中生代末期的非洲大陆。至于它们是何时通过何种迁徙方式完成远距离的“移民”迄今仍然是个谜。

蝙蝠树上的狐蝠——世界上体型最大的稀有蝙蝠

我们又乘车来到汤加塔布岛西部的卡罗瓦伊村，这里素有“蝙蝠村”之称。领队带着我们来到村里一棵古老的大树下，相传这棵树是古代一位漂亮的萨摩亚女子与她的情郎—— 一位汤加水手的定情物。许多年后，数以千计的狐蝠常年栖息在这棵树上，狐蝠是世界上体型最大的一种稀有蝙蝠。汤加塔布岛上村庄众多，很多地方也长有同种树木，但蝙蝠唯独偏爱此树，昼伏夜出，从不迁移到别处，看来蝙蝠也懂得人类的感情。按照汤加人的神秘说法，这种黑色蝙蝠不仅懂感情，而且富有灵性。据说如果突然出现一对白色蝙蝠，则是凶兆，预示王室将有丧事。汤加的传统习俗将蝙蝠视为灵物，迄今只有王室的人们才可以捕捉，一般平民只能观赏。

我们在树下仔细观赏着这些平时极难见到的倒挂在树上的大蝙蝠，别有一番情趣，也算当了一次“汤加平民”。

一座时隐时现的神秘小岛

汤加王国由位于南太平洋西部的汤加塔布、哈派、瓦瓦乌三个群岛和埃瓦、纽阿托布塔布等小岛组成，共 169 个岛屿，其中 36 个岛屿有人居住。

有的资料将汤加王国的岛屿数量统计为 170 个。这是怎么回事呢?

原来，1831 年 7 月，在汤加西南的海域中，由于海底火山爆发，逐渐形成一个高 60 多米、方圆近 5 平方公里的岛屿。正当附近的人们准备登岛居住时，这座小岛又迅速下降，后来居然完全沉入海中。

几十年后，人们已将这座曾经出现过的小岛忘得一干二净。没想到 1904 年，这座神奇的小岛再次冒出海面，而且岛上布满了鲜艳多彩的浮石。这次被日本人发现并宣布将其占为己有。结果美梦不长，仅仅两年后，这座小岛又神秘地消失了。

1928年，海底火山爆发，这座幽灵般的小岛又一次从海里冒了出来，一直升到海拔183米。当时的图普三世国王即萨洛特女王听到消息后，立即派兵占领了小岛，并升起汤加王国国旗，正式宣布对其行使主权。

此时正是世界经济萧条时期，汤加最重要的产品椰干出口受到严重影响。女王号召国民开发这个新生岛屿的资源，种植香蕉等多种出口作物，不少原住民也兴高采烈地准备前往该岛居住造田。不料几年后这座岛屿在一夜间又一次神秘地消失了。

直到1965年萨洛特女王去世，陶法阿豪·图普四世国王继位，这座岛屿始终再未出现。

在去往塔布岛部落的车上，领队向我们介绍，多年前，南太平洋的两个岛国中间的海域上也曾突然出现过一个美丽的小岛，两个国家都宣布对这个小岛拥有主权，由于争执不休便打起国际官司。结果旷日持久的国际官司还未判决，这个小岛却悄悄地消失了。

大概是这个美丽纯净的小岛已得知由于自己的出现引起了人类的纷争，只好将自己的身躯重新隐藏海底……

码头上的导游们

梦幻般的“椰林女神”

在汤加王国茂密的森林中，除了盛产香蕉、柑橘、柠檬、凤梨和木瓜等热带水果，更多的是椰子种植园。椰树在这片南太平洋岛屿上常常被称作“万树之王”。

汤加有许多美丽的传说都与椰树有关，其中椰树变人和椰林女神的故事都非常

藏身椰林的少女

动人。就大自然中每一种植物而言，椰树仿佛是以自身的价值及情感表达了与这个海岛世界的联结。椰树不仅养育着世世代代岛上的原住民，也让我们这些初到岛上的游客品尝到生活的甜美。

在阳光充足、海风吹拂的南太平洋群岛上，一棵椰树生长两年就会结出果实，一年能结果近百个，而且连续结果要超过80年。当地人自豪地说：椰树是上帝赐给我们的最好的礼物。

近一二百年，西方传教士和其他欧洲人来到这里，带来了很多新的植物品种，但信奉了耶稣的当地人还是种椰子、收椰子。由于千百年自然和人文因素的积淀，椰子仍然是岛国人们最主要的食物之一。

村落里的土著人热诚地欢迎我们，他们用一种被称作“乌慕”

（上图）身穿“塔帕”的少女送上卡瓦酒
（下图）烹制美食

的土制炉灶烹饪的美食摆放在椰树叶编织的长形托盘上，让大家品尝。

吃着芳香柔滑的椰肉，喝一口清凉甘甜的椰汁，听当地人介绍着“浑身是宝”的椰树：椰根可以制药；椰木可做建筑材料和家具；椰叶可用于编织及日常燃料；椰花苞可以酿酒及提炼椰汁糖；椰树皮作为优质纤维可制造各种纤维产品及海上缆绳；椰壳可用于制作活性炭或加工成乐器及工艺品；椰肉可制成椰干、椰奶粉、椰蛋白、椰汁、椰蓉及各种无色椰子油等；椰油还是主要的工业用油，也用于制造高级香皂、牙膏等。目前世界上以椰树为原料的产品已达360多种，因此椰树有“绿色黄金”之称。

微风吹来椰果清香，高大的椰树下，天生能歌善舞的当地少女们跳起表现汤加历史传说的拉卡拉卡舞。

主人介绍，这些表演舞蹈的少女们身上涂的就是当地的椰子油。这里的女子常年涂在身上，不仅防晒防虫，而且保持皮肤光泽滑润。

迎接我们的汤加少女

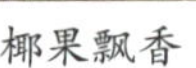
椰果飘香

男女青年跳起拉卡拉卡舞

随着婉转动听的乐曲，身着各种华丽装饰及椰树纤维编织的多彩连衣裙、头戴泰奇泰奇羽毛头饰的少女们以复杂的手臂动作，舒展着优雅柔和的舞姿。她们涂满椰油的身躯在阳光照射下熠熠发光，梦幻缥缈，宛如传说中“椰林女神”的化身。

椰壳制作的工艺品

大溪地

听到了大海在歌唱

大溪地，南太平洋诸岛中最美的岛屿之一，也是外来人们最早发现的天然、纯美与迷人的海岛。

大溪地被称作太平洋上“最接近天堂的地方”。也有人说，如果上帝与人间某处有着完美的统一，那个地方一定是塔希提岛，因为这是一个只有天使和好人才能栖居的地方。

感受到这里天堂般绝美景色的人是幸运的，如果在绝美景色中真正触摸到古老的波利尼西亚文化、让灵魂得到洗涤和升华才是更幸运的。

“大溪地”其实是塔希提

从东南太平洋上吹来的海风带着栀子馨香轻轻拂面，晨晖将海水的颜色从墨蓝的深色逐渐映照得清澈透亮。随着邮轮缓缓靠近，远看幽蓝的塔希提岛已经展露出自己独特的绚美秀色。连绵起伏的山峦和郁郁葱葱的绿植环抱着一个个明珠般的五彩建筑，使人感觉已来到与世隔绝的宁静、纯美、悠闲的梦幻一样的海岛。

“大溪地”，官方的名称为塔希提，“大溪地”只是中国南方及港台地区一些游人最早形象通俗化的叫法。我们这次抵达的法属波利尼西亚位于太平洋的东南部，由社会群岛、土阿莫土群岛、甘比尔群岛、土布艾群岛、马克萨斯群岛等岛屿组

空中看大溪地（佟蕾　摄）

导游 Gerald 先生

迎接我们的波利尼西亚姑娘

成，共有 120 个岛屿。塔希提岛位于社会群岛，是这些岛屿中最大的一个岛屿。

据说从空中往下看，塔希提岛的外形呈“8”字形，似一个漂泊在海面上的宝葫芦。

陪同我们的 Gerald 先生是纯正的法国人，已来此地工作生活了 26 年，对塔希提非常熟悉。一见面，他就风趣地向我们介绍说：“塔希提如从空中俯瞰，像一只可爱的小金鱼，塔希提岛由两个岛连接而成，大塔希提岛是鱼身，小塔希提岛是鱼尾，你们刚才上岸的码头位置就在鱼的眼睛上。咱们现在从这里出发，像金鱼一样睁开大大的双眼，来看这个美丽的岛屿吧！” Gerald 先生担心我们在船上困倦，还掏出一个小丑的鼻子戴上，惹得我们阵阵发笑。

听说法国人“三漫”：浪漫、傲慢、散漫。傲慢和散漫不敢妄言，但初次见面已感到法国人的浪漫。

Gerald 先生不仅浪漫，而且还有几分幽默。在位于海岛西岸的塔希提博物馆——坐落在花园中，是南太平洋最大最美丽的博物馆之一，Gerald 先生幽默地说：“中国人和波利尼西亚人都是一个祖先。”他指着展厅中的一些实物和图片向我们介绍：波利尼西亚人祖先的来源一直是个谜，一种认为来自西方，一种认为来自东方。但近十多年，科学家经过新的研究，发现台湾居民的遗传基因与波利尼西亚人的基因惊人地相似，也就是说，波利尼西亚人的神秘故乡最可能是台湾一带，而不是挪威探险家索尔·海尔达尔曾经宣布的南美洲。

塔希提岛上已发现的一些原住民遗存说明 2000 年前就有人类乘独木舟漂洋过

海发现这个岛，并在岛上定居。后来，岛上的人们又向四面八方的岛屿迁移，去了新西兰、夏威夷的成了毛利人，留在塔希提的就是今天的波利尼西亚人。

现在岛上多数人是波利尼西亚人，也有部分当地原住民与法国人的混血后代，还有少数华人、华侨及来自其他国家的人。官方语言为法语，也通用波利尼西亚语。1767 年，英国海军上尉萨缪尔·瓦利斯是发现塔希提的第一个欧洲人。之后的 1768 年，正在进行环球旅行的法国探险家布干维尔也到过这里。当布干维尔回到欧洲时，他将此岛描述为有着“高尚的野蛮人”和“维纳斯般女人”一起居住的地方，使欧洲人知道了塔希提岛。1769 年，英国的库克船长到达这里，他把塔希提岛为中心的一些岛屿起名为“社会群岛”，这个名字一直沿用至今。1880 年，法国人来此，1957 年成为法国海外领地，正式命名为法属波利尼西亚。

Gerald 先生回顾历史说：很感谢波利尼西亚人，当年德国军队入侵法国时，在法国南部战场上抵抗侵略者的法国抵抗力量中，有很多是从塔希提入伍的当地土著青年，结果一半人在战争中阵亡了……

原始与现代结合的“天堂之美”

海岛日落

南十字星下勇敢而伟大的航海家

海洋由“海”和“洋”组成，海洋靠近陆地的边缘部分叫作“海”或“湾”，海洋的中心部分叫作“洋”。

遥远的古代有一个民族，他们凭着石器时代的技术，依靠极其简陋的小船驶向地平线，以探索未知世界的迫切愿望和寻求生存与发展的强烈需求，走出岛屿，冲过海湾，搏击惊涛骇浪的大洋，成为南太平洋一些岛屿的真正主人。这个民族就是今天的波利尼西亚人。

塔希提博物馆展示的实物和图片及陪同 Gerald 先生生动逼真的描述，令人信服。古代的波利尼西亚人无疑是迄今世界上已知的最勇敢而伟大的航海家！

远在约2000年前，波利尼西亚人没有航海仪器，没有充足的物资，只靠小舟就能征服广阔的海洋，到达连很多鸟类都不能到达的太平洋中心的一些岛屿，这不仅需要巨大的勇气和毅力，更需要精湛的航海知识。

多年来，人们对波利尼西亚人在其跨越千百公里无痕无迹的大洋时的英勇航行中所使用的方法感到困惑不解。远古的波利尼西亚人靠哪些航海技巧，能够征服波涛浩瀚的太平洋，找到和确定那一个个微小岛屿的位置？近些年通过考古研究、借助口述历史和使用传统工具技能再现早期航行等实践活动，终于解开了这个谜团。

原来，古时的波利尼西亚人没有仪器帮助而能够在漫长的距离成功实现海上航行，全凭着对星星的相对位置和动态、风向、洋流方向和温度、浮游植物、远方岛屿上云彩形状、各种鸟类和海洋生物的运动方式及行为的敏锐观察来实现的。这种完全依靠对自然现象的观察和积累，使波利尼西亚人的导航方式发展到当时的最完善和成功的水平。

直至现在，生活在塔希提岛上的一些土著人还能通过祖先传授给他们的方法，依靠赤道以南的南十字星座和北半球的北极星在夜空下准确地掌握驾船路线。有的土著人至今能牢记南十字星在内的100多个星星的名字，以及识别每颗星的位置和亮度。他们知道大洋表面是弯曲的，能让小船和风形成一个固定的角度，沿着一颗

博物馆里的绘画《航海》

远古时代的航海工具模型

升起的星星和对面一颗正落下的星星直线航行；能通过船身感受水流波浪从而判断海岸的方向和距离，通过海水的颜色判断水深，通过天空云彩判断远方的岛屿，通过鱼与鸟的活动判断陆地或岛屿的方向。

在波利尼西亚人的一个传说中记述了一艘船在海上航行中遭遇狂风暴雨的过程：当隐星遮月的风暴来临时，舵手站在船上唱歌，歌中向神祈求的并不是风平浪静，而是祈求天上的神让风将乌云吹散，好让他能清晰地看见星辰。正是出于对星空的依赖，古代的波利尼西亚人不是按“日”而是按“夜”来计算时间，他们把“昨天”称为“夜之夜”。一个月中的每一个夜，波利尼西亚人对它都有单独的称谓。

Gerald 先生还特地带我们看海岛上挖掘到的遗迹，证明古代波利尼西亚人不仅有丰富的导航经验和技巧，而且在每次去发现新土地航行之前都有充分的准备。他们将两艘长长的独木舟并列到一起，中间架上木板或建上小屋，可以载乘数十人，还可以运载食物给养、植物种子以及猪、狗、鸡等家畜，足够在新发现的岛屿上建设家园所用。

在距塔希提岛东面上千公里的智利西海岸，有一个被称作“复活节岛”的小岛，它是在 1722 年的西方复活节那天由荷兰探险家雅各布·罗格文发现命名的。尽管复活节岛上密布着 600 多尊神秘的巨石雕像的起源至今还是世界之谜，但是岛上原住民已被认定为波利尼西亚人。也就是说，古时的波利尼西亚人乘着小舟，在上千年的漫长岁月里，以塔希提为中心，已经遍布北起夏威夷群岛、南至新西兰、西起图瓦卢、东抵复活节岛，总面积约达 27000 平方公里。因为它在太平洋中的群岛数量最多，所以人们就用“波利尼西亚”来称呼它，意思是“多岛群岛”。

走出博物馆，穿过一片岸边椰林就是一眼望不到边的蔚蓝色的大海。这是古代波利尼西亚人靠最原始的方法征服的海洋，他们的足迹遍布了几乎大半个南太平洋。

此刻，脑海中是对古老、聪明、无畏的波利尼西亚先人的怀念与敬畏，耳边聆听着大海的阵阵波涛声，让人觉得美丽的大海是如此亲近……

塔希提岛像一个巨大的热带植物园

大溪地那条清澈迷人的小溪

如果塔希提岛是“最接近天堂的地方”，那么奥罗黑纳山和环抱着它的一大片热带雨林就是天堂的后花园。

我们沿着海拔 2237 米的奥罗黑纳山脚往密林深处走。这里山岭巍峨雄伟，山路崎岖不平。路旁鲜花盛开，草丛密布，天然林木杂错幽深。

Gerald 先生说，塔希提岛是 100 万年前海底火山喷发后的熔岩形成的，这座火山如今覆盖着郁郁葱葱的茂密森林，千百年来火山灰形成厚厚的沃土，天生的面包果、菠萝、木瓜、芒果、香蕉、诺丽、露兜、木槿、马缨丹等各种热带果树随处可见。全世界的面包树共 120 多个品种，而这里就有 80 多种。

Gerald 先生得意地告诉我们：其中有一棵天然面包树，一次就结了 400 多磅面包果。

这里是塔希提岛上的一处巨大的热带植物园，除了各种野生果树，还有棕榈树林和大片的枫树林。再往前走，步道两旁是各种叫不上名字的热带花卉，艳红色、深紫色、浅粉色、孔雀蓝……或千姿百态、争奇斗艳，或古色古香，尽显大气端庄。海风拂面，空气中弥漫着轻柔的花香。

“呵，快来看瀑布！”同伴的惊呼吸引我们加快了本不想挪动的脚步。

面前是一处悬崖飞瀑。

一股来自大山深处的清泉沿崖铺洒下来，化为绵绵细雨，丝丝缕缕，如同波利尼西亚少女头上的美发和肩上的轻纱，带着清香和温柔，缓缓飘落。瞬间，在阳光的折射下，细如发丝轻纱的瀑雾又幻化成七色的彩虹，缥缥缈缈，透迤壮观。

轻瀑的滴滴水珠碰到崖下的岩石上，

大溪地的小溪流（浩天　摄）

便汇成一条弯弯曲曲的小溪，带着羞涩慢慢流到我们脚下周围的几个小湖里。小溪清澈见底，在阳光下飘浮流淌，从蓝到绿，如同一条晶莹剔透的宝石项链。溪流串起的一池池清泉伴着鸟语花香，辉映出绿树和鲜花的倒影，也如同粒粒翡翠、颗颗珍珠，给静静的原始雨林带来奇特和神秘。

时间仿佛静止，我们的心融化在溪流里。莫非在接近天堂的地方，瀑布会如此温柔？泛着浪漫的溪水，宛如油画一般！

早已走在前面的Gerald先生又返回来招呼流连忘返的我们几位，告诉我们这样的瀑布溪流在大溪地还有很多，大大小小的河流和小溪汇成岛上最大的帕佩诺河，

油画《神祭》高更　1894 年作

古代举行宗教仪式的遗址

在岛的北坡流入太平洋。

我们又去了维纳斯角，Gerald先生说，这里是库克船长当年登陆的地方。

经过长长的沿岸公路，我们走进一片遗址，这里有几处黑色的垒得整整齐齐的石堆。Gerald先生和当地一位土著老人介绍说：这里曾是古代波利尼西亚原住民举行宗教仪式的场所。

当地的许多寺庙有的被传教士毁坏了，有的毁于战争，此处是岛上唯一幸存的祭坛遗址。过去部落里要举行很多祭拜仪式。如果村里有人通奸，生下小孩要在这

里处死，俘虏敌人的小孩也要在这里被处死，以保证部落血统的纯正。这座黑色石头遗址至少已有 900 多年的历史了。至今这里还吸引不少当地人来感受那源源不断的灵气，也使游人们感受到先人与大自然神灵紧密联系的神秘力量。

伫立在古老的祭坛旁边，放眼望去，无垠的堤岸和连绵的椰林，白云舒卷，蓝天淡淡，使人们心情豁然。雨林、瀑布、溪流……靠近天堂的塔希提留在人心底的不只是美丽的风景，更是一种说不出的意境，一种净化心灵的伊甸园。

多彩的岛屿　多彩的舢板

儿子为何是父母的“妈妈”

大溪地的小伙子

Gerald 先生出生在法国戛纳，也就是举办国际电影节的那座城市。

有人说，旅游就是从自己待腻了的地方到别人待腻了的地方去。可 Gerald 先生说自己来塔希提 26 年了，却感觉远远没有待够。他说，很多法国本土的人来这里工作后都不愿意再回到那么嘈杂的地方。

尽管岛上的风俗习惯很多与法国不同，但他已适应了当地的环境。

看到我们对路旁穿女人服装的成年男子很惊讶，Gerald 先生解释说：当地家庭一般由第三个孩子负责赡养老人。如果第三个孩子是男孩，就要打扮成女孩的模样，成为老年父母的“妈妈”。作为传统文化的一部分，现在观念虽然有些变化，但这种做法还保留着。所以男人穿女人服装，走在外面特别受人尊重。

问到同性恋时，Gerald 先生说，同性恋在当地很正常，因为人们认为同性恋是上帝赋予的权利。

梦幻的塔希提（佟蕾　摄）

谁最先发现大溪地的“天堂之美”？

是谁最先发现大溪地的天堂般的绝美之处，给予这个古老岛屿以新的艺术生命？

此人是法国后印象派画家保罗·高更。

高更1848年生于巴黎。早年曾在海轮上工作，后又到法国海军中服役，23岁当上了股票经纪人，不仅收入颇丰，还娶了一位漂亮的丹麦姑娘梅特·索菲亚·加德为妻。高更在自己的绘画天赋召唤之下，24岁时拿起画笔，短短几年时间就对绘画艺术如痴如醉，并通过毕沙罗投入了印象主义的创作天地。当意识到在巴黎这样的大城市无法开启艺术事业时，他便辞去了高薪的工作，离开了爱妻和五个孩子，先后到了巴拿马和马提尼岛，只身投入绘画创作。异国生活积累和慷慨的大自然熏陶使他不满足自己的印象派画风，更加向往远方，追求形状简化、色彩均匀单一、素描与颜色抽象化、超脱自然的“综合”表现的艺术创作手法。但他这种幻想和艺术手法在当时的法国处处碰壁。于是，高更在 1891 年 2 月拍卖了自己 30 幅作品后，于当年 4 月 4 日乘船前往南太平洋的塔希提岛。

踏上塔希提岛，高更即被当地如诗如画的自然风光所吸引，感觉进入了艺术创作的人间天堂。他在给朋友的信中写道：“我们脚下是一望无际的汪洋大海和细软的沙滩，椰林果树环绕四周，简直美不胜收！”

塔希提码头

直至今日，我们感受塔希提岛上纯朴原始的风土民情，繁茂丰饶的绿色植物，以及美妙绝伦的土著姑娘，仍能真切地体会到高更当时的狂喜心情……

在岛上，高更吃着便宜美味的热带水果，不停地为当地人画速写。他从过去传统的艺术模式中解脱出来，找到了一种全新的生命形式。高更结识了一位美丽的土著少女，这个土著女孩既是他的生活伴侣又是他的创作模特。在夜晚的星空下，女孩依偎在高更怀中，讲述着当地流传的那些美好的故事和传说，这个天性纯朴又情意绵绵的土著女孩带给他无限的绘画热情和创作素材。

此时的高更进入了艺术的高产期，前后创作了《塔希提妇女》等 80 余幅呈现南太平洋风情与文化的作品。

两年后，历经幸福与磨难的高更带着在岛上创作的一批作品，于 1893 年 11 月回到法国举办画展，虽然他那神秘新颖并夹杂野蛮的绘画赢得了一些崇拜者，但并不为多数人看好，结果这些画一幅也没有卖出去。巴黎人的嘲弄又使高更于 1895 年 7 月从马赛登船再次前往南太平洋。途中经过新西兰，体验了当地毛利人的生活。

1895 年 9 月，高更回到塔希提岛，但此时那位土著少女苦等他不回已嫁给他人。高更在贫病交迫中又得知爱女病逝，一连串不幸使他感到绝望，曾多次喝药自杀，但得救后，他很快重新陶醉在岛上热带雨林浓厚的原始气息中。他用竹子、棕榈叶搭建了小棚屋，又开始了新的创作。他深深地眷恋着这里旖旎的自然风光和质朴单纯的土著生活，拼命地作画、雕刻，用色彩和形象尽力表达他的内心感受。他又与一位土著少女相恋，这里的一切使他深埋心底的原始创造力达到顶峰。

1897 年 2 月，高更完成了创作生涯中最大的一幅油画《我们从哪里来？我们是谁？我们往哪里去？》。这幅作品描绘岛民纯朴、天真无邪的形象，画家以独特的单纯、粗放、古典、唯美的绘画风格，在斑斓绚丽、如梦如幻并富有神秘气息的画面中，隐喻着对生命意义的哲理性追问。这幅画也是高更全部生命思想及对塔希提生活感受的综合表达。

高更自画像　1889 年

高更于 1903 年 5 月 1 日辞世。他去世后不久，作品逐步被人们所认可，给当时风靡整个欧洲大陆的颓废艺术带来一股自然清新的风，让人们看到了一种前所未有的新天地。

高更的作品使欧洲人知道了塔希提。不少艺术家、旅行者被作品所感染，纷纷远涉重洋来到塔希提追寻高更的足迹，渴望体验高更笔下神秘多彩的原始部落风情。

高更在世时，他的一幅画最多卖几百英镑。如今世界各地著名的博物馆和收藏家已将高更的作品视若稀世珍宝。当地导游告诉我们：2015 年，高更在塔希提创作的一幅油画《你何时结婚》以 1.97 亿英镑成交，创下艺术品成交价格最昂贵的纪录。

太平洋中有一种鲸鱼，当它在海洋中死去，尸体会最终沉入海底，可以供养整套生命系统长达百年，生物学家赋予这个过程一个名字："鲸落"。研究人员发现，在太平洋深海中，至少有 43 个种类的 12490 个生物体是依靠鲸落生存的。深海中的一些无脊椎动物包括蛤蚌、蠕虫和盲眼虾中的稀有品种会在鲸鱼的尸体旁一点点吃掉残余物，细菌也会逐渐吃掉鲸鱼的骨头，这些都转为能量，供它们生养与繁殖。

在阳光照射不到的深海中，鲸鱼尸体便是丰富的滋养源，滋养着海洋生态系统。这也正像高更的作品在他逝世后的百年间，成为滋养后人的艺术宝藏。

一百多年来，当一批又一批世界各地的艺术家和游人来到塔希提时，都能感受到法国画家保罗·高更的作品穿越时空的力量！

《两位塔希提妇女》 高更 1899 年作

《我们从哪里来？我们是谁？我们往哪里去？》 高更 1897 年作

多彩的帕皮提

帕皮提，法属波利尼西亚的首府，一个拥有大约 10 万居民的小城。与它所在的塔希提岛一样，是一个令人神往的地方。怪不得当年高更从这里登上海岛后，一眼就被迷住了，从此再没想过离开。

沿着高更的印迹从码头几乎一步就跨进市区，迎面就是一个繁华的市场。这是当地最大的集贸市场，已有 150 多年的历史。市场里很洁净，也出奇地安静，除了几位身着鲜艳服装的土著艺人弹奏演唱着当地音乐外，没有人大声喧哗。

市场确实很大，几乎一眼看不到边。数百个摊位摆放着当地盛产的水果、蔬菜、肉类、香草和鲜花，还有各种工艺品和针织品。

摊位后面深铜色皮肤的土著女孩，个个都很丰满，有的一边照顾摊位，一边手里还不停地编织。看到我们走近，略带羞涩地抬起头来，随着眼波流转嫣然一笑，

充满世间所有颜色的帕皮提

帕皮提港口

总督府

街景

街头百年古树

不禁使人立刻想到高更笔下塔希提少女的原型。

正是圣诞节前，市场里有不少来自岛内外的居民或游人选购商品。很多本地人都提着各种大大小小用植物枝叶编织的网袋或篮筐，把买来的水果、蔬菜或鲜鱼装在里面提着就走，既方便又环保。有的水果或蔬菜摊位还备有这种植物编织袋，这应是当地的传统，据说“帕皮提”含义就是“从篮子里流出的水”。

绕了几圈才走出市场，周围仍是帕皮提的商业中心。街道不宽，四五条商业街两旁都是各种商店、快餐店、咖啡厅或旅馆，大多是两层的法式建筑。有趣的是，建筑上除了商店招牌，还画了五颜六色的壁画，画中以美女居多，这些色彩缤纷、形式各异的七彩壁画在一片淡黄色的建筑群中显得格外鲜艳夺目。这大概也是高更留给这座城市的印记吧。

走过三四个街区，拐进一条十分静谧的马路，路口醒目的指示牌说明这里是行

帕皮提的姑娘

夜暮下码头花园里的露天酒吧

政办公区。路上行人稀疏，但路两旁高大的古榕树引起了我们的注意。从树干看，每棵树都有数百年的历史。第一次世界大战中，帕皮提遭到德国军舰炮击，城市建筑物大多被毁坏。遥想在那时局动荡、岁月斑驳的年代，这些古树能在炮火硝烟中顽强挺立，迎风沐雨，为人们护路遮阳，见证着城市的沧桑，应该算是一种奇迹。

这里远离商业中心，也不是旅游景点，与枝叶掩映之下的年轻建筑物相比，这些饱经风霜的古树，却让人们仿佛抚摸到城市的生命。

回到港口已是黄昏。夕阳是这个海滨小城绝美的颜色。在旖旎的水波上，海风使棕榈树轻轻地摇曳，发出窸窣的沙沙声。各种各样的船只都已靠港，在霞光中显露出矗立的桅杆。

当夜色渐浓，码头上铁艺街灯放射着柔和、迷蒙的光晕，花园里的露天酒吧已缓缓弥散出诱人的味道，这一切都使人忘掉一天的疲惫，情不自禁地陶醉在玫瑰色的浪漫港湾中。

我们选了一个面对暗蓝色大海的座位，点了波利尼西亚姑娘做的酸橙椰子卤金枪鱼，享受着不愿失去的美味和安逸……

最性感的小岛——波拉波拉

波拉波拉岛是波利尼西亚群岛中一个很小的岛，小到连在国内买的地图册里都查不到它的位置和名字。如果以塔希提为主的法属波利尼西亚从广义上都被称作大溪地的话，它也是大溪地的一部分。

波拉波拉岛虽然很小，但由于这个迷你小岛的美丽浪漫令世人惊艳，所以早在2005年，福布斯就将它评为全世界岛屿中最性感的岛屿之一。

虽然邮轮吨位过大，不能停靠小岛的码头，但面对波拉波拉岛的巨大诱惑，为了让我们不留遗憾，凯撒旅游和邮轮方还是决定冒着风险，用船上备用的救生艇送我们上岸。

从塔希提岛往西北方向航行270公里，天蒙蒙亮时抵达波拉波拉岛附近海域，然后转乘邮轮上的救生艇。

救生艇送我们登岛

晨曦中羞涩的波拉波拉岛露出迷人的姣容。接待我们的Sandra女士与很多人早早就等候在码头上。

码头也很小，出了码头是一个被称作瓦伊

如果将大溪地比作天堂，波拉波拉就是天堂的后花园（佟蕾　摄）

塔佩的袖珍小镇。小镇虽小，却遍布着数不清的珍珠饰品和旅游纪念品销售店，还有摆满椰子的水果摊，足以看出这个小岛的超高人气。

身着紫花长裙、佩戴白色鲜花项链的 Sandra 女士也来自法国本土，虽然年纪不轻，但身材非常苗条，有着法国人的浪漫和当地土著人的妩媚。她向我们介绍，波拉波拉岛上现有常住人口 9500 人左右，岛上盛产珍珠和椰子、柑橘、香草等。这个美丽的小岛近年吸引来越来越多的游人，当地人 80%的收入来自旅游和珍珠产业。

波拉波拉岛由一个主岛和周围环礁所组成，主岛只有 10 公里长，4 公里宽，环岛一周也只有 30 余公里。岛中部是现高 725 米的奥特马努山，这是一座双峰火山的遗迹。在火山喷发毁去其山顶之前，火山的高度曾达 5400 多米。这座已熄灭数万年的火山如今覆盖着浓密的绿色椰林和橘林。

我们驱车在一边是绿色森林、一边是蓝色海水的环岛路上，享受着这最性感岛屿的一切。

性感的海滩

波拉波拉岛周围有很多海滩和浅滩潟湖。最早进入我们眼中的就是一个叫作马塔拉的白色海滩。

细致柔软的沙粒，洁白如雪的沙滩，海滩缓缓延伸处是海岸与环礁间的蓝色潟湖。海风微微，波光粼粼，清澈五彩的浅水中充满了色彩斑斓的活珊瑚与无数环游其间的热带鱼。

轻轻踩着细沙，享受着蓝白之间梦幻一样的色彩与浪漫。

水很浅，在阳光下湛蓝通透。一对刚刚游泳回来的男女青年说，他们游泳时，无数可爱的大鱼小鱼就在他们身边游来游去。

Sandra 女士指着远处的海面告诉我们：如果再往远处游，可以看到多种多样的

踏浪去（佟蕾　摄）

柔软细腻、洁白如雪的海滩

古老火山如今覆盖着浓密的森林

梦幻般的蓝色潟湖

鲨鱼、梭鱼、魔鬼鱼、六带鲹鱼等。平常很凶猛的鲨鱼在这里非常聪明、友善，从不咬人，也从未发生过鲨鱼攻击人的事情，鲨鱼已经成为我们的家庭成员。如果有女游客喂它食物，它更会乖乖地贴在你身旁，仿佛在表达友好的感情。

拥抱大海

为防海水腐蚀，小船闲时都挂在海边的支架上

欢乐的水上世界

潟湖上的“爱之屋”（蔡光 摄）

性感的水上酒店

在洁白无瑕的白沙滩旁边和清澈碧绿的潟湖里，是一个个错落有致的水上小木屋，这些被称作“爱之屋”的度假酒店客房，由当地露兜树叶铺设屋顶，仿照了土著人古老的居住风格，完全搭在水上，使来到波拉波拉小岛的人进入一个童话般的世界。

中午，我们进入一处水上木屋，品尝了略带法国风味的当地烤肠、烤鱼和热带水果大餐，以及来自塔希提岛的咖啡。

在清凉如春的小木屋，边品尝美食，边眺望远处的山峦和礁湖。大片晶莹的宝石绿色海水，以及蓝天上的朵朵白云，全都荡漾在我们的视野中。每个房间内的木地板上还镶有一块玻璃，透过玻璃能清晰地看到脚下清澈湛蓝的海水，还能看到自由地游来游去的鱼儿。

Sandra 女士介绍说，这里的海下珊瑚群更是格外瑰丽多彩，全世界共有 100 多种珊瑚，这个小岛附近海中就生长有 16 种珊瑚。

波拉波拉海上酒店的生活美轮美奂。如果提前预订，还会有头戴花朵、身穿花

波利尼西亚艺人

血腥玛丽餐厅

水上酒店

波拉波拉岛被称作“世界上最美丽的岛屿”（李艳芬　摄）

布裙子的土著姑娘，划着独木舟，停靠在水上小屋的木梯下，给你送来刚烤的吐司面包和咖啡等美食，并送上甜美的微笑。

Sandra 女士还告诉我们，如果寻求更浪漫，从岛北端的飞机场下了飞机，可以乘小船从水上来到度假村。小岛的机场很小，只能起降小飞机，到帕皮提换乘大飞机才能飞往世界主要城市。北京与帕皮提平时没有直航班机，只有春节期间才有旅行社包机直飞帕皮提。

塔希提岛上的“情侣”石雕

虽然目前往来这个小岛的交通还不十分方便，但波拉波拉以它无与伦比的浪漫情调仍然吸引世界各地的蜜月恋人来到这里的水上茅草屋，面向大海享受极其甜美的二人世界。

椰树也性感

行驶在波拉波拉环岛路上，这是依山傍水最美的一隅。栀子和香草馥郁馨香，挺拔茂盛的椰林硕果累累。

车开过一大片枝干粗壮的椰林，Sandra 女士告诉我们：这片椰树已经有 200 多年历史了。

我们在古老的椰林跟前停车小憩。一辆大篷车也正好开过来，开窗售货。这种大篷车是岛上的移动便利店，岛上主要日用品、食品都是从帕皮提运来，再由这种大篷车定时定点到各个分散的村落和旅游点向居民和游人出售。

随处可见的“陆地螃蟹”

美好的享受

椰树下海风轻拂

有人在大篷车上买了一小瓶“椰子香水”，打开一闻，顿时一种独特的椰果和栀花芳香扑鼻而来，分外迷人。Sandra 女士说，这是从椰汁中提取的香水，当地土著女孩很喜欢用，约会时一定会喷洒些椰子香水。

她说，椰果还会加工成椰油，制成精油、唇油，用于美容，当地妇女也很喜欢，可以让头发有光泽。

岛上数百万年前的火山灰变成肥沃的土壤，阳光、雨水和海风的沐浴，使椰子树成为海岛上生长的主要植物。千百年来，椰林与当地的原住民须臾不可分离。村民用椰树盖房屋，干活渴了摘只椰子喝椰汁，招待宾客可将椰奶与陆地螃蟹一起食用……

Sandra 女士说，在传统节日里，岛上要举行各种活动，小伙子比赛刮椰肉，女孩子比赛用椰树枝叶编织篮子。

夜晚，我们还观看了一场当地的民族歌舞表演，波利尼西亚少女身穿椰壳上衣，在悠扬的音乐中跳起火辣奔放的塔姆蕾草裙舞，十分性感。

黄昏的波拉波拉岛

性感的波利尼西亚少女

“他笔下的土著女孩，性感、浪漫、质朴单纯，富有魅力，无拘无束。他的绘画有着沉思、肉欲和几乎神秘的特质，使之独特……”这是西方人对高更的评论之一。

一百多年后，我们在海岛上仍然能搜寻到高更画中最多的波利尼西亚美少女。

只有十几岁的当地土著女孩，身材都已十分成熟。上身丰满凹凸有致，双腿挺直修长紧实，一头卷曲的黑发披肩垂下，饱吸了热带海滩阳光的棕褐色皮肤更衬托了她们的明眸皓齿。

日出日落，椰林海滩，原始单纯的生活养成了她们善良质朴的天性和温柔神秘的韵味，现代的土著女孩既有传统的丰腴美妙、腼腆娇羞，又增添了法国女性的浪漫开朗、风情万种。

Sandra 女士提醒我们注意当地女孩耳上别着那朵岛上有名的扶桑花，女孩左耳戴花是已婚，右耳戴花是未婚，两耳都戴花是在寻觅未来的伴侣。

（佟蕾　摄）

在岛上见到不少波利尼西亚土著姑娘，也有当地人与法国人的混血姑娘，发现她们大多文身。Sandra 女士说，在这里，文身是身份的象征，也是少女们爱美的表现。

在岛上走渴了，我们围着路旁的水果摊购买椰子。用砍刀切开椰子的是位身材匀称丰满的土著妇女，果然左耳戴朵花。

我们边喝椰汁，边问她是否知道一百年前到过此地的法国画家高更。

没有想到，她嘻嘻一笑，给我们讲了岛上流传的一个高更的故事：

当年的高更乘船来岛上写生，到店铺买酒时由于付不起酒钱，便即兴挥笔画了一幅裸女画，作为买酒钱给了店老板。没有想到店老板的妻子见到了这幅裸女画，不由分说，就扔到火里烧了。数年后，高更的画成为价值连城的稀有品，店老板的妻子后悔万分。所以当地流传一句话：一个好的老婆比到手的财产更重要。

在岛上伊甸园般的自然风光中，常常能遇到当年高更画中的美丽的波利尼西亚土著少女

东萨摩亚

陌生的古老文明

一个不为大多数人所熟知的岛屿，却有着不为人知的世外桃源般的美景，更有着 3000 年与世隔绝的古老文明。

虽然已走进现代社会，仿佛又远离现代社会。这里至今仍固守着与众不同的波利尼西亚文化遗产以及独特的社会组织结构，还有濒临消失的远古传统习俗。

走进这个紧贴着国际日期变更线东侧边缘的萨摩亚人的神秘家园，住一住他们世世代代用树干、椰叶搭建的茅屋——“法垒”，穿一穿他们用桑树皮编织的裙衣——“塔帕”。

这里是地球上最后一个迎接朝阳、送走晚霞的地方。美丽夜晚的面包树下，永远是萨摩亚人欢快的笑声！

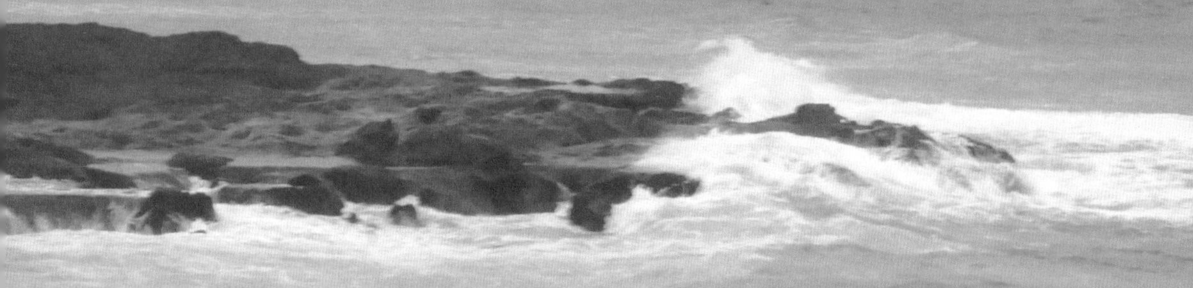

帕果帕果，港口城市？海边村庄？

2009 年 9 月 30 日凌晨，平时温和的南太平洋突然愤怒了。东萨摩亚群岛附近海域发生里氏八级以上地震并引发海啸。无数颗原子弹爆炸般的威力猛烈从海底喷射出来，搅动着平静的海水，海面顿时向上升腾，瞬间形成数十米高的水山。水山的高峰向四周扩展。当扩至东萨摩亚近岸时，汹涌的海水遇到阻力高度猛然增长，以雷霆万钧之势冲上海岸，迅雷不及掩耳地摧毁岛上的各种建筑物、树木，吞噬着生命……

这次海啸摧毁了帕果帕果港区及附近大多数房屋、道路和车辆，有 59 人丧生，数百人受伤。这是自 1991 年东萨摩亚群岛受“维尔”飓风袭击后，又一次更严重的海洋灾难。

七年后，当我们来到帕果帕果时，这里已恢复了往日的平静。

帕果帕果是东萨摩亚的首府和主要港口。东萨摩亚又称美属萨摩亚，位于波利尼西亚群岛中南部的萨摩亚群岛。东萨摩亚陆地面积 209 平方公里，包括面积最大和人口最多的图图伊拉岛及马努阿小群岛、罗斯环礁和斯温斯岛等，总人口近 7 万人。这里 3000 年前已有人居住。1722 年荷兰人抵此。之后又有法国人、英国人和美国人相继到达这里。1899 年根据美、英、德三国协定，东萨摩亚从萨摩亚群岛中划出，成为美国殖民地。1922 年成为美国无建制领地。总督为最高行政官。1977 年后美国同意东萨人在美国内政部管辖下自选总督，基本实行自治。

下船踏上帕果帕果港，这里没有想象中的繁忙景象。帕果帕果港是太平洋上的

①公交车站
②帕果帕果街景
③海啸后新建的公共设施
④海啸后留下的老教堂

天然良港之一，当年美国选中它，最大利益就在于帕果帕果港的十分重要的地理位置。东北可达美国的旧金山，西南通澳大利亚的悉尼和新西兰的奥克兰，又与夏威夷、巴拿马运河相联系，成为一个三角形交通线上的枢纽。

东萨摩亚是美国在南半球地区唯一有人居住的领土。帕果帕果又是东萨摩亚的首府，是重要的海港。但是，如果你用其他地方首府城市和海港城市的标准来衡量帕果帕果，那就错了！东萨摩亚群岛大多为丛林覆盖的山地，只有部分海岸有一些狭长的平原，不可能建设集中的城市。因此，作为首府的帕果帕果只能分散在沿海的几个村庄中。

走进首府帕果帕果的都市区，这里果然像一个村镇。村子中有一条走公交车的主路，路靠海滨的一侧建有商店、银行、餐馆和博物馆，多是海啸后新建的一二层建筑。几座乳白色的公共设施建筑既有萨摩亚人传统“法垒”特色，又略带美式风格，与身后碧绿的大海和谐地融为一体。路靠山的一侧是严肃庄重的政府部门、司法机构

生命痕迹——海啸后的枯树变成了街头雕塑

等，还有五颜六色、依山而建的民宅，几乎每户门前都盛开着鲜花。

令人惊讶不已的是在如此寸土寸金之地竟然有一片非常大的草坪广场，这是留给市民举行集体活动的场地。

正值圣诞节前夕，草坪周边已搭起挂满彩灯的高高的圣诞树，也有不少临时商棚在出售圣诞礼品。

靠近山脚处是一座古旧的基督教堂和几座老式建筑，这大概是海啸过后幸存下来的。

路旁还有被海啸摧毁的百年古树刻成的艺术雕塑，也提醒人们不要忘记那场灾难。

随着购物的当地人很快就走完这条依山傍海的建筑走廊，到了首府村的边缘，前面就是国家森林公园以及散布的一些村落，使人感觉城市和乡村几乎没有什么差别了。

在这里，最醒目的是路边和村口新建的公共凉棚，既结实，又美观。据说这是海啸后建起来供无家可归的人及过路的人居住或躲避风雨的。

最让人兴奋的还有公交车，这是一种老式的大鼻子汽车。两扇前风窗像两只大眼睛，下面伸出长长的扁扁的大鼻子，似卧在路上的“唐老鸭”，看着就令人发笑。而且每辆车颜色图案各不相同，模样也有区别。大扁鼻子车开着门行驶，招手即停，乘客上下十分方便。

在帕果帕果村里走累了，坐在凉棚中歇息，观赏着一辆辆来来往往五花八门的大鼻子车，让人十分惬意。

乘大鼻子车看美景

离开被称作首府的帕果帕果，我们登上了外形别具特色的大鼻子老式汽车，去观赏未知的乡村景色。

这种大鼻子车虽然外表都有美丽的颜色图案，但车内设施简单，座椅还是木制条凳，车窗也没有玻璃。车子开在图图依拉岛的环岸公路上，海风徐徐，格外凉爽。

沿着海岛东部的海岸行驶，一路看到不少令人惊讶的奇石，有的像一条巨龙蜿蜒绵伸到海里，有的嶙峋突兀挺拔于汹涌的浪中，间或还会有凋零的树桠或椰树像一位土著武士挺立在巨石上。

车行至乌利伊村，这里的海岸边有一处景点叫“骆驼岩”，就是一块形态像一

乘上大鼻子车去看美景

湖光山色

骆驼岩

河畔的少年

只年迈而孤独地俯卧在水中的骆驼的岩石。当地人大都没有见过生活在草原上或沙漠中的骆驼，只是随着岛外人的到来，这块陪伴村民沉睡了千百年的海边岩石经有心人发现，被赋予了新的生命力，成为一处游览景观。

看遍各种怪石，大鼻子车开到 Avaio 海滩。这个海滩有一个众所周知的通俗名称“两美元海滩”。就是两个半圆弧形小海湾被一块花瓶岩连在一起，从上面看似两个圆形硬币。这里以前是一片无人关注的海滩，只有附近村落的孩子们来此游泳嬉水。后来吸引了一些外来人，当地人便增设了洗浴更衣间，建起沙滩排球场、海边酒吧等设施，还有土著姑娘、小伙表演音乐舞蹈、摘椰子，对每位前来的游泳者收取两美元。久而久之，“两美元海滩”的名气越来越大。

东萨摩亚还有许多有趣的景观：熔岩流形成的滑岩、花盆岩、莱昂传教士纪念碑……

海滨

鳄鱼石

在七年前那场灾难来临时海啸登陆的地方，曾经被巨大的海浪夷为平地的空场上建了一座供人遮风避雨的凉亭，孤存的棕榈树旁是新建的观景平台、半截树干上落着和平鸽的雕塑和纪念碑，纪念碑上用英文写着："离去，但不会被忘记。"此时，海天的壮美博大、岸边的苍凉和人在天海间的渺小使人思绪万千……

最美的景色总在下一个未到的地方。继续往图图伊拉中央山脉的深处走，进入茂密幽静的热带森林。眼前山岭逶迤，绿植如茵，椰子树、芒果树、野核挑树……还有各种叫不上名字的植物，连起长长的绿色隧道，一对土著母女正在采摘野果……远处是一片开阔的山谷，清澈的溪水在谷底蜿蜒流淌，深山空谷，鸟鸣啁啾，这一切出奇地宁静秀美。我们脚下的萨摩亚群岛数百万年前是太平洋下面的海底火山，斗转星移，剧烈的火山活动使其中一部分海底火山山脉露出洋面，形成了萨摩亚群岛。群岛的表面大部分曾为熔岩或火山岩所覆盖，经过了不知多少年风吹

路上都是大鼻子公交车（蔡光　摄）

造雨山

两美元海滩

雨打和自然演变，岛上已形成厚厚的土壤，这些肥沃的火山土壤孕育出眼前这些多种多样的植物，使萨摩亚群岛处处葱绿宜人，生机盎然，美如人间仙境。

我们问当地向导这个山谷叫什么名字。向导回答：没有名字，山上到处都这么美。

看来这些没有名字的地方，才会有更美的景色。

回到大鼻子车上，导游指着远处海湾中耸立的一座绿山告诉我们：那座山叫“造雨山”，山脚周围几乎无日不雨，明明是艳阳高照，可一眨眼就会造出一场不小的雨来，因此当地土著人给它起了“造雨山”这个美名。

导游还说，造雨山下有个小宾馆，叫“造雨宾馆”，你们下次再来可以住在那里。

原始文身——奇异的魔力

若在较短时间里了解一个国家或地区的历史文化，最便捷的办法就是走进它的博物馆。

对陌生的东萨摩亚更是如此。

尽管还有若干处极具诱惑力的景点，我们还是毫不犹豫地选择了参观海顿博物馆，这是能够查找到的岛上唯一的博物馆。

匆匆赶去，还好，未到闭馆时间。

海顿博物馆坐落在码头出口右侧不太远的帕果帕果市中心海滨，显然是海啸后重建的美式风格与当地民族风格结合的一组精美建筑，能看出设计者的独具匠心。

虽然紧贴着不断驶过大鼻子公交车的路边，但博物馆内仍很安静。序厅里挂有几幅人物及表现当地风景的油画。几个不大的展厅依序整齐地排开，陈列有近现代艺术家的照片、简介及他们创作的绘画、雕塑等作品；有一个小的陈列厅专门展示当地生长的主要植物标本；更多的空间则是展示海岛漫长的历史，包括古代人们从事农业、渔业的生产工具和石器，各种航海船只的模型等。

海啸过后重建的博物馆

一位穿着筒裙、体魄健壮的中年男子好像是馆里的工作人员，正兴致勃勃地向先来的参观者介绍着远古时期的航

雕塑

编织挂毯

绘画

展厅一角

海工具。

萨摩亚人属于波利尼西亚人种。波利尼西亚人黄皮肤、黑头发，与亚洲人非常相似，应属黄种人。据考证，波利尼西亚人的祖先最早就是使用自己制造的船只越过海峡来到此地，距今至少已有3000年的历史。由于萨摩亚人有着传统的航海技术，所以200多年前在环球航海中发现此地的荷兰人罗杰温曾为这片岛屿取名为“航海者之岛”。看得出，筒裙大叔在讲解这些船只时不断露出自豪的神情。

陈列的图片及实物体现着对传统习俗的膜拜。最引人注目的是介绍文身的内容：文身是萨摩亚民族传统习俗的重要组成部分，已有较长历史。萨摩亚人认为文身不仅是一种妆饰，更是美的象征，是一种神圣的艺术，通过文身图案的组合能赋予人巨大的力量，使人进入更高的境界。文身又是一种挑战，只有意志坚强的人才能忍受其苦。最初只有男子才可文身，后来女性也加入文身的行列。

几幅令人惊悚的图片赤裸裸地展示了文身的过程：很原始甚至血腥粗暴的工具及方法，鱼刺制成的梳子、龟壳制成的刀片及公猪牙制成的骨锥，用水和木头灰烬研磨成的文墨。文身时往往会皮开肉绽，疼痛不堪，有人还会因失血过多而昏厥。照片反映的文身的现场也出乎人的想象：文身者、持刀操作者及四周观看者都很镇定，旁边竟然还有人弹吉他。文身结束后，家人便大摆宴席以示庆贺；等伤口痊愈，酋长会举办仪式为其庆祝，文身者也为自己终于闯过了神圣的人生难关而感到自豪。

简裙大叔听说我们来自中国，便主动邀请我们参观展厅中央一个布置得很华贵的展台。由于岛屿与外界长期隔绝，过去岛上很少能见到外面的艺术品。这里摆放着十几件博物馆多年收集到的来自亚洲、非洲、美洲等地的工艺品，有雕刻、饰件……简裙大叔特别向我们介绍了一个漂亮的立式镜框中的展品：一个中国古代妇女的金属发饰，看不清是哪个朝代、哪个民族妇女的头饰，但注释名称是中文写的“凤蝶之珠”。

看到我们如此忘我地观看揣摩展品，博物馆特地为我们延长 40 分钟的参观时间。

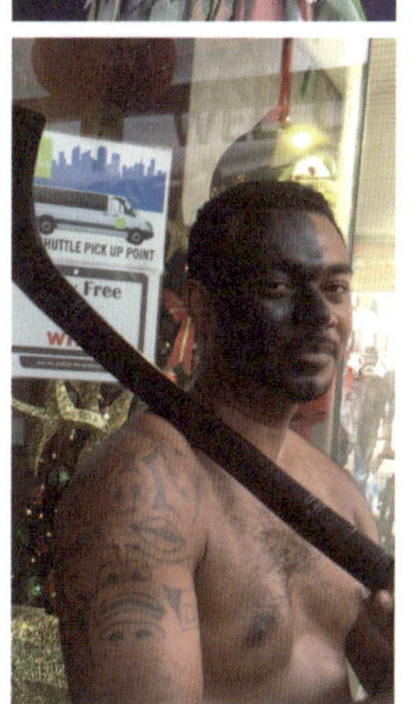

走出博物馆，路过门口矗立的所罗门群岛赠送的那极富夸张表情的人像木雕，忽然想到忘记问一句这家博物馆为什么以奥地利音乐家海顿的名字命名？

回过头，馆门已关闭，简裙大叔在大门玻璃后边笑着向我们挥手。

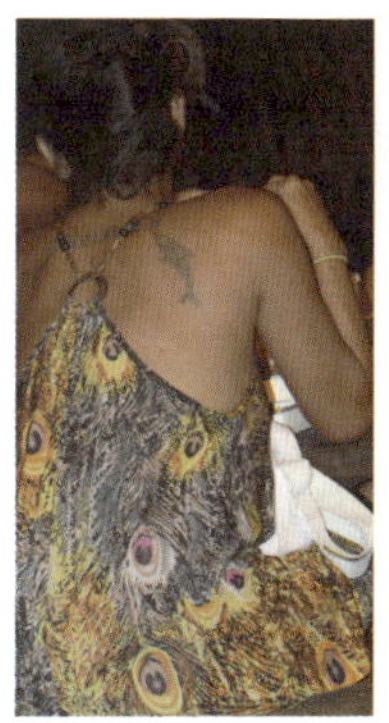
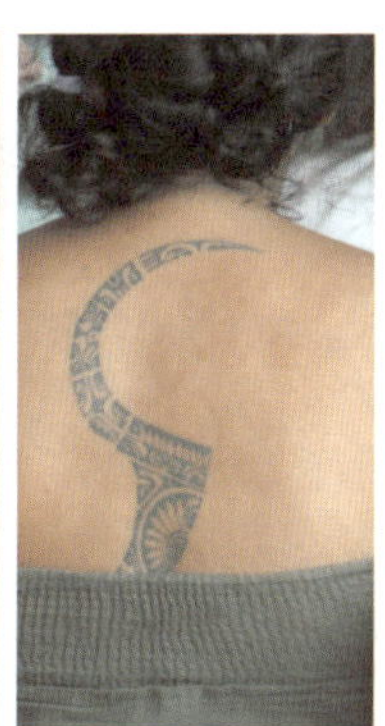
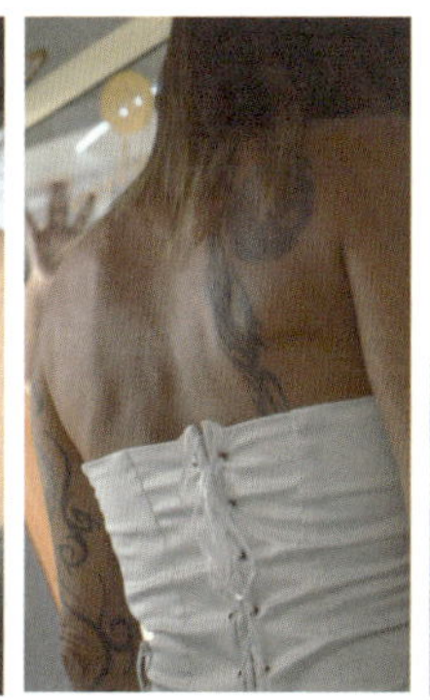

南太平洋海岛上见到的文身

面包树上的岛国

在帕果帕果走累了，肚子也觉得有点空。路旁的凉棚下，同来的陈先生夫妇招呼大家品尝他们刚买的一只大大的面包果。

这是一个很宽敞的水果大棚。黝黑微胖的萨摩亚大嫂将烤熟的带着泛黄颜色的面包果切开递过来，认真地看着我们每个人吃到嘴里。

在太平洋海岛一路走来，经不住诱惑的我们几次品尝面包果，也逐渐将内心情感融进这愈发熟知的果实中。

萨摩亚人与南太平洋岛屿的许多部落民族一样，生活在仿佛与世隔绝的热带森林里，自然资源不丰富，农业也很落后，但岛上原住民自古至今从未像世界上很多地区的人那样为食物发愁。外面的人可能大惑不解，但来了就会知道，这里的人们之所以过着如此悠然快乐的生活，就是因为上帝对他们的垂爱：这里随处可见面包

面包果树是萨摩亚群岛最美丽的树木之一

萨摩亚传统壁画：收获面包果

树，而且结得果实特别大。萨摩亚人祖祖辈辈都是以面包果充当主要食物。历史上无数次战争和自然灾害，是面包树给了人们生存的力量。2009年的地震、海啸灾难，当政府救济还未到时，也只有面包树与他们为伴。所以萨摩亚被称作“面包树上的岛国”。

世间万物遵循着大自然物竞天择的规律，面包树果真是上帝赐予善良、淳朴的南太平洋岛国人们的一种神树。这种奇特的面包树一般高十多米，最高可达四五十米。面包树的树干粗壮，枝叶茂盛。非常奇妙的是，它从枝条到树干直至根部，处处都能结果。果实小的似柑橘，大的如足球，最重可达20公斤。而且面包树与许多树不同，它的结果期还特别长，从11月一直延续到第二年7月，可以收获三次果实。每株面包树可以结果六七十年。

面包果的营养十分丰富，不仅含有大量的淀粉，而且还有多种维生素和蛋白质。当地人一日三餐都将刚摘下来的面包果切成片，放到灼热的石头或火上烤到黄色，不仅松软可口，酸中有甜，就连味道也很像面包。在有火山和热泉的岛上，行路的人如果肚子饿了，只要摘下一个面包果，在地上挖个小坑，搭起几根树枝，将面包果剥开放在上面烤一会儿，就可以饱餐一顿。

海岛上的一棵面包树结的果实，足够一个青壮年吃上一个月，所以这里随处可见的面包树就成了人们须臾不可分离的天然粮仓，也是勤劳、质朴、敬畏上帝的当地人最乐于种植的“神树”。当地有一种玩笑话：一对夫妻只需用几个小时种上十几棵面包树，就完成了对下一代哺育的责任。

更有趣的是，面包树不仅果实可以充当食物，而且树皮、树根可以用作药材，种子可以拿来榨油。当地人住的房屋、出海捕鱼的船只，以及生活中的种种器皿，几乎都是用面包树的枝干和纤维制作的。连面包树的叶子都与众不同，大而美，当地妇女用它编织成的帽子漂亮轻巧……面包树就像一位深情的母亲，一年四季用自己的躯体默默无私地哺养、守护着南太平洋海岛上的儿女。

当地人告诉我们，随着现代工业引进和木材开发出口，岛上大量树木被砍伐，面包树、椰子树都比过去少多了。

我们细细咀嚼品味着口中的面包果，又喝上几口甘甜的鲜椰汁，试图找寻留住濒临消失的原始味道……

面包果是萨摩亚人重要的主食，一般烤熟食用。很多当地人体态较肥胖，除了遗传因素，可能与饮食结构有关

风情万种的萨摩亚“人妖”

来到东萨摩亚，才知道这里也有一种类似泰国“人妖”的群体。这种人在东萨摩亚被称作“法法菲尼”。当地人有句话“最美的女人是男人”，就是指这种人。

东萨摩亚是一个民族传统习俗与现代体制观念相融合的社会。一方面重视以血缘、家族为基础的集体利益，忽视个体价值，另一方面人们有多样性选择，又非常自由；一方面男女之间壁垒森严，禁忌重重，另一方面男女两性关系又非常开放，未婚先孕和私生子女不会受到任何歧视。

在两性观念上，旧时的萨摩亚人有验贞的习俗。新婚的第二天早晨，公婆要在新房门口等儿子出示验贞布。如果验贞布上见红，证明儿媳是贞洁的，以后自然会受到家庭善待，否则以后就难以受宠。对本村女性的代表“塔普”的验贞就更为特殊。塔普选自村中高级马他伊（即酋长）的未婚女儿，具有很高的地位。通常的任务是接待贵宾，在卡瓦仪式上制作卡瓦酒。塔普的贞洁要得到保障，由伺候人员负责看护。塔普结婚不仅是本家族而且是本村的大事，其对象一般是其他村子有势力的高级马他伊的儿子。婚前要由本村的代言马他伊在公开场所验贞。代言马他伊在用树皮围成的临时小隔间中，将手指插入塔普的体内，如果手指上有血，便证明其贞洁，然后示之于众，全村举行庆祝会。

随着西方宗教的传入，这些旧的习俗也在发生变化，验贞等陋习被抛弃，西方的婚恋观已融入社会，到教堂去举办婚礼成为时尚。

萨摩亚人的生活特点和居住方式导致了大量婚外情。由于不准堕胎，出现很多

东萨摩亚民风纯朴，人们能歌善舞。每逢节日或庆典活动，无论男女都穿上盛装，跳起赛赛舞和火焰舞，到处欢歌笑语，人人都像快乐的天使

未婚母亲。但人们对未婚母亲没有任何歧视，她们也并不忌讳向别人谈及这些情况。青年男子对此也不太在意，只要看中某女子，往往连同其私生子一起娶过来，而且不虐待孩子。社会上的人们似乎能够接受这些，但对乱伦现象则严厉谴责或处罚。

萨摩亚人生性热情奔放，追求快乐。但男女有着明显不同：传统的男性身体强壮，不论外表还是性格，处处能体现阳刚之气，上身裸露，下身用树叶裹着或穿传统短裙“拉瓦拉瓦”；女性则展示内在的柔美细腻，经常穿鲜艳的连衣裙。

令人惊奇的是，在帕果帕果街上和市场里，我们还看到一种穿着女性服饰、头发和举止很像女人的人，但细看似乎还是男人。当地把这种人称为“法法菲尼”，即女性化的男人。

“法法菲尼”们将自己视为女性，在思想、语言、行动和穿着打扮等方面极力模仿女性，各个方面都像女性那样生活。这些人平常都穿着女孩子的衣服，留着又长又卷的头发，迈着轻盈的脚步，有的经过训练后还能发出柔和的嗓音。在家庭和社会约定俗成的分工中，大都承担着女性的工作，有的还通过自己的努力得到社会承认，并获得较高的工作职位。

面对我们的疑惑，当地人介绍说，这种现象的产生比较复杂。有的是受多元文化的影响，提出自己有选择性别的权利；有的则是由于家庭男孩较多，其中有的男孩从小被当女孩养，久而久之就认为自己是女性了。

据说“法法菲尼”也对心目中的男性感兴趣，很多人梦想“嫁”给一个真正的男人。东萨摩亚禁止同性恋，但“法法菲尼”不认为自己是同性恋者。

尽管“法法菲尼”有自己对爱情的追求，可大部分人都找不到合适的伴侣。因为目前萨摩亚人在观念上还是坚持结婚要找正常的女人，孕育下一代比这种爱情更重要。

“法法菲尼”们仍然承受着各方面的压力，在女性世界中快乐地享受生活。由于基督教文化已成为东萨摩亚文化的重要组成部分，这些人甚至认为上帝创造了男人和女人，上帝也创造了自己这类人。

市场

快餐店

我们在东萨摩亚看到周围人们对“法法菲尼”都很淡然，并不排斥。有人还喜欢那种妩媚动人的风情。据说“法法菲尼”虽然没有子宫和乳房，但用自己的巧手将椰壳做成胸围，还真能够以假乱真。

如果有游人在帕果帕果的酒吧欣赏到穿着椰壳胸衣的美人在表演优美的歌舞，有可能就是“法法菲尼”。

新喀里多尼亚
最美的世界遗产

新喀里多尼亚虽然是南太平洋上的第三大岛屿，但迄今仍不被多数人所熟悉；它的首府努美阿更是鲜为人知。

新喀里多尼亚不仅拥有世界上最大的七彩潟湖，而且是太平洋众多岛屿中植物种类最多的热带森林海岛，这里有古老的南太平洋风情与浪漫的法国文化的完美结合，还有即将远去的卡纳克神话和传说……

最美的风景，大多在深藏不露的地方。其实在我们到来之前，这个孤傲掩面的别样曼妙岛屿，已被称作“世界尽头的天堂”。

当岛上百年古教堂的钟声敲响时，我们走进飘溢着神秘气息的努美阿。

远眺安斯巴塔湾

努美阿带来的惊喜

尽管临行前在船上已查阅了资料，但抵达努美阿后，这个鲜为人知的海港城市还是给了我们一个出乎意料的惊喜。

我们选择了乘坐小火车观赏这个陌生海岛的风光。这是来南太平洋上第一次乘

坐小火车。

这里的小火车与有的国家的窄轨火车不同，它没有铁轨和扳道工，而是一种完全类似老式蒸汽火车模样的游览观光车，整个城市大约有四五列这样不同颜色的观光小火车。从码头出发，沿途几个重要观景点就是它的固定车站。

随着火车启动，导游和领队开始介绍这个城市和沿线风景，我们感觉进入了一个突如其来的美丽的地方，努美阿给人的第一印象就是它的与众不同。

努美阿建于1854年，初称“法兰西港”，1866年改称此名。这个城市三面环山，一面临海。港外是一道长长的珊瑚礁风景线，港内水深，风平浪静，是西南太平洋的良港之

①坐小火车看风景

②椰子广场。走到这里已经感觉努美阿简直不是一座城市，而是许多花园的巧妙连接和美丽组合

③鲜花锦簇

④大海怀抱的城市半岛

⑤市场

阿美迪灯塔岛（李兴 摄）

一。距港口十几公里处是阿美迪灯塔岛，这个小小的礁岛上耸立的一百多年前建造的白色灯塔不仅已成为努美阿的标志，而且仿佛在向来往人们诉说这座城市的历史沧桑。

小火车行驶在沿海盘山路上。右边水天一色，椰树、海滩、各种游艇、点点白帆和冲浪的人们；左边是森林覆盖的绿色山谷，山谷间随处可见蜿蜒泛光的溪流和瀑布。小火车上的广播介绍说：这里的热带雨林植物有四分之三约 3000 种为本地特有，许多非同寻常的植物种类在世界其他地方很难见到，森林中至今还生长着一种从恐龙时代就有的南洋杉。

沿途自然景观美不胜收，不断给我们一个又一个意外惊喜。视线中除了栏杆、电线和路标，看不到其他人类留下的痕迹，最天然的上帝作品一切都保护得很好。热带森林中有一片约四公顷的天然红树林，从空中看，是一个巨大的独特完美的心形造型，仿佛真的是上帝将“爱心”铺洒在人间。这片红森林自 1999 年被发现后，已成为新喀里多尼亚对外展示的标志之一。

在山上的车站远眺俯瞰这座美丽的城市和山水港湾，是最迷人、最令人陶醉的时刻……

从小火车上下来，游兴未尽的我们又上了城市观光大巴。这是一种环绕城市的旅游观景巴士。乘客购票后，乘务员给戴上一个彩色的纸手镯，当天就可以在任何站点上下车游览观景。

如果说，有一个地方将自然山水和城市建筑极其完美地结合，把亿万年的南太平洋海岛风情、数千年的美拉尼西亚人文传统和几百年的法兰西浪漫及古老的欧洲典雅巧妙地建成一个伊甸园，这个伊甸园就叫：努美阿。

（右图）帆
（左图）欧文托罗瞭望台
（下图）灯塔岛上的少女（李艳芬　摄）

奇妙的水族馆

努美阿国家水族馆是很多游人尤其是青少年向往的地方，因为这里是南太平洋中最大的水族馆。

纸手镯游览班车在此有一站。水族馆在依山傍水的美丽海滨的山坡上。等候参观的人排着长长的队伍，其中有不少是假期里结伴而来的学生，还有家长携着幼儿。门票 15 美元，残疾人、老年人和学生可以购买优惠门票。

大约排了半小时后，终于随着静静的人流走进这座不久前刚刚装修一新的水族馆。

新喀里多尼亚四周环绕着世界上最大的潟湖，水族馆内的水系与周围潟湖的海水巧妙地连为一体，使各种各样的太平洋中的海洋生物在水中自由自在地生活。

色彩斑斓的热带鱼、精巧的海马、庞大笨拙的海龟，还有难得一见的鲨鱼以及许许多多叫不上名字的鱼类，使人仿佛置身于奇妙的海洋中。由于新喀里多尼亚潟湖是保存完好的海洋生态系统，生活着大量的大型鱼类，其种类极其丰富，包括海洋中许多濒危鱼类、海龟和海洋哺乳动物都在这里栖息，其中儒艮的数量位居世界第三。

参观水族馆

水族馆集中了南太平洋中几乎全部具有代表性的珊瑚和鱼类。参观者可以在这里静静地仔细观察鱼儿的生活，欣赏它们的每一个优美动作以及它们穿梭在梦幻般珊瑚丛中的姿态

水族馆中五颜六色、形状奇特的珊瑚也引人驻足。新喀里多尼亚有着全球唯一的多样性珊瑚，它们艳丽的颜色毫不逊色于陆地上盛开的名贵鲜花，绽放的形式更是千姿百态，有的似红梅傲雪，有的如孔雀开屏……令人称奇。

好奇的参观者走进一个暗暗的“黑屋”展厅，原来这里生活着各种闪耀着荧光的奇异珊瑚，如同置身魔幻般的童话世界，使人惊艳。

亲密接触

参观中，讲解员还特别介绍了“鹦鹉螺”——一种至今生活在西南太平洋珊瑚礁水域的外壳似螺旋形弯曲的海洋软体动物。据科学家考证，鹦鹉螺已在地球上生存了数亿年，它们的祖先族群曾多达三十多种，在六千五百万年前那场地球大劫难中，与恐龙同遭灭绝的命运，仅有极少数顽强地残存下来，被称作海洋中的“活化石”。

瞬间感觉有一种时空穿越的奇妙。

行将湮没的卡纳克民族古老的艺术

卡纳克人，隐秘在历史隧道中

努美阿是一个来自世界各地的移民聚居的城市，真正的当地卡纳克人并未见到很多。除了在商店、公交车和街头偶尔能遇到皮肤黝黑、头发卷曲、头颅较长的卡纳克人外，更多的是法国人、波利尼西亚人、瓦利斯人和亚洲人等。新喀里多尼亚已成为一个种族多元、文化多元的地方。

卡纳克人是新喀里多尼亚最早的原住民。据推测，卡纳克人的祖先是公元前4000年前从东南亚迁来的美拉尼西亚人。也有一种说法是，卡纳克人的祖先从非洲乘独木舟，经过漫长的海上漂泊，途经印度尼西亚群岛到达美拉尼西亚各个岛屿，在新喀里多尼亚岛上定居的逐渐成为后来的卡纳克人。

不论哪种说法都告诉我们，卡纳克人已在新喀里多尼亚岛上生活了至少四五千年。他们在这里以农渔业为主，种植玉米、芋薯等农作物，养殖家畜，过着自然的生活。卡纳克民族虽然没有文字记载历史，却有着口口相传的文化积淀。他们讲多种土语，信仰拜物教，借图腾表达对祖先的崇敬。他们有自己的神话传说、音乐歌舞和服饰文化，还有木雕等手工艺品。他们有自己独特的生活方式，据说卡纳克人喜欢让孩子从小吃泥土，将当地的砂泥同苦涩的野生马铃薯混合着吃。因为新喀里多尼亚有大量铁、钴、锰、锌、铝等矿藏，镍矿储量居世界第一。因此当地人认为吃泥土可以补充人体所需的铁、铜及镁等微量元素，增加营养，从泥土里吸收的氢离子还能操控血液的酸碱度，治疗疾病。

19 世纪中叶新喀里多尼亚沦为法国殖民地时，卡纳克民族当时的 30 多个部落、约八万人口正处于原始社会解体阶段。殖民者将卡纳克人从世代生活的家园驱赶到北部贫瘠、狭小的丘陵地带。受到排挤和奴役的卡纳克人传统的生活方式、社会结

柠檬海滩上与细沙为伴的当地儿童

面包房

构受到破坏，人口锐减，世代传承的文化习俗所剩无几。

尽管不合理的殖民政策经过社会进步和卡纳克人的反抗已逐步废除，但许多被破坏的东西却难以再保留和恢复。

如今，卡纳克人已跨入快速发展的历史隧道，卡纳克民族传统文化正与各种外来文化融为一体，受到西方文明影响的卡纳克年轻一代对本民族的文化标记已十分模糊。

路旁休息的少女

咖啡馆

追寻库克船长的足迹

1774年9月4日，英国著名航海家库克率领他的船队在环球探险考察中，“发现”了这片神奇的岛屿，岛上田园般的旖旎风光立即像磁石一样吸引住已在大洋中漂泊数月的库克船长，使他仿佛回到了故乡苏格兰。由于苏格兰的拉丁语是“喀里多尼亚”，因此库克将这个酷似家乡的岛屿命名为“新喀里多尼亚”。

这是在努美阿听当地导游和我们的领队介绍的新喀里多尼亚名称的由来。在岛上游览，我们也见到库克船长当年登陆的地点。

沿着库克船长环绕南太平洋的航线航行，在不少海岛上很多次听到当地导游介绍库克，并几次寻访他当年登陆的地点以及镌刻他登陆简介的石碑，使我们不断对这位航海探险家加深了印象。

虽然在库克之前或之后，也有不少探险家曾经来过南太平洋，包括为这片大洋命名“太平洋”的葡萄牙航海家麦哲伦，“发现”澳大利亚大陆的荷兰航海家塔斯曼，但海岛上的人更多地还是提到库克。

詹姆斯·库克出身于英国一个平民家庭，他做过马夫，也在食品杂货店当过店员。他在一家船业公司做学徒时学到不少航海知识。战争中他应征入伍，刚开始在皇家海军中当二等兵。由于他的非凡才能，在等级制度森严的社会竟能脱颖而出，不久便升到主力船长的位置。七年战争后，这个在战争中表现了出众才华，绘制的精细地图受到海军和皇家学会青睐，并对日蚀做过详细精确观测的优秀船长，被英国选派担任赴太平洋观测金星凌日的观察队指挥，从此他的名字便与太平洋连在一起。

此后十多年中，库克率领船队三次前往太平洋，依靠当时简陋的帆船，在数千公里的航程中探寻到不少太平洋中未为欧洲所知的地带和海岛。库克将塔希提岛及周围岛屿命名为“社会群岛”；将瓦努阿图起名为“新赫布里底群岛”，这个名称一直沿用到瓦努阿图独立；在汤加，库克品尝了卡瓦酒，观赏了当地的歌舞，受到当地人款待，他高兴地将这里称作“友谊之岛”；他还曾用三年艰苦漫长的航行发现了地处新喀里多尼亚和新西兰之间的一个岛屿——诺福克岛。库克为太平洋岛屿和海岸线绘制大量地图，并留下许多航行到过的岛屿及岛上居民的生活记录文字，这些海图的精确度和规模以及文字资料都是前人所不能及的。他带回的太平洋岛屿的地图首次出现在欧洲的地图集中，航海文字资料也被翻译成欧洲多国语言广为流传。在三次赴太平洋航行中，库克展现出自己高超的航海技术、测绘技术、逆境自强能力和危机领导能力等多方面的才华，成为第一位与南太平洋海岛土著人广泛接触和交流的欧洲人。

就在英国国王乔治三世准备向即将回国的库克授予世袭男爵爵位时，库克的船队却在返程时与夏威夷岛上的土著人发生打斗，库克在冲突中遇害身亡。

直到今天，我们经过的“库克群岛”等以库克名字命名的地方，以及南太平洋上的“库克海峡”、“库克峰”、“库克湾”等，都能感到当地人对这位伟大的航海家的铭记。库克遇害的夏威夷当地小镇已被命名为库克船长镇。1928 年，为纪念库克发现夏威夷 150 周年，美国政府发行了一款 50 美分硬币，硬币上就刻有库克的头像。

在库克船长登岛的地方投身大海，真正体验放飞自我的强烈感受

新喀里多尼亚潟湖是世界上面积最大的潟湖

含情脉脉的潟湖

努美阿让我们不断收获着惊喜。

从新喀里多尼亚岛东海岸繁茂的热带雨林来到风景如画的西海岸，站在一望无际的海滩上远眺大海。水中，远远近近的珊瑚礁在阳光辉映下显得更加绚丽夺目、五彩斑斓，使整个海岸线充满了迷人的色彩。

当地导游指着海中的珊瑚礁告诉我们，新喀里多尼亚周围有 1600 公里长的各种珊瑚礁，是世界上最长的环礁和世界上第二大珊瑚礁群。

真没有想到，来到南太平洋尽头，竟邂逅世界上最长的珊瑚环礁。

连绵不断的珊瑚为新喀里多尼亚岛和周围大小岛屿镶嵌上了一圈圈美丽的珍珠链，而被这一圈圈珍珠链环抱的就是迄今世界上已发现的最大的潟瑚——新喀里多尼亚潟湖。

与南太平洋中很多火山岛屿不同，新喀里多尼亚岛等群岛是旧的大陆板块的碎块，在 2.5 亿年前随着地壳运动漂移，不仅岛上的动植物经长期隔离演化后自成独特的一格，而且由漫长的珊瑚礁环绕的世界最大的潟湖区域，至今还生长着六个保存完好的海洋生物群落。其中有着大量大型鱼类，其品种极为丰富，而掠食动物的数量适当，因而成为许多濒危鱼类、海龟和海洋哺乳动物的栖息地。

新喀里多尼亚潟湖中还集中了全世界结构形态极为丰富多样、生于不同时期的珊

在这里静静地感觉潟湖特有的含蓄之美

多情的潟湖让浪漫升温

瑚礁石，既有活着的珊瑚礁，也有古老的珊瑚礁化石，仿佛是一座庞大的水下珊瑚礁博物馆。

导游还自豪地告诉我们，新喀里多尼亚潟湖以它的珊瑚礁多样性和独特生态系统已在 2008 年列入《世界自然遗产名录》。

夕阳的余晖为潟湖披上了一层更加神秘的色彩。远近那些搏击的帆船和潜游的人们串起无数白色的浪花。新喀里多尼亚就像一个待嫁的新娘，含羞多情地将她最美的身躯掩藏在丝绸般的海水中。

水中衬映着玫瑰色云霞、绿宝石般珊瑚礁和点点白帆的美丽倒影，在波涛汹涌的太平洋中享受着平静如镜的潟湖，此时的陶醉难以用言语表达，只有来到这里才能真正领略它独一无二的绝美和奇妙！

怪不得一位接待我们的有着卡纳克人血统的导游姑娘开玩笑说：你们来这里只需要购买单程票，来了就不想再回去了！

巴布亚新几内亚
屹立在火山口

巴布亚新几内亚地处南太平洋西南部的新几内亚岛。新几内亚岛又称伊里安岛，是太平洋第一大岛，也是世界上地势最高的岛屿，其高度几乎可以与世界屋脊青藏高原相媲美。由于海拔高度的变化及气候差异，这里有着南太平洋海岛上最齐全的陆栖生态物种，被誉为太平洋上最后一块未被污染的净土。

在传说中的天堂鸟故乡，相当数量的当地土著人迄今仍然过着原始部落生活。他们的脚下是极为丰富的富金矿、石油、海底天然气等取之不尽的资源，现代探测已表明这里是世界上铜矿储量最丰富的国家之一。

这是我们南太平洋此行的最后一个海岛。此刻时间仿佛定格在现代与传统、文明与原始、先进与落后之间……

走进天堂鸟的家园

我们终于来到美好传说中“天堂鸟”的故乡——巴布亚新几内亚。

巴布亚新几内亚全称“巴布亚新几内亚独立国”，位于新几内亚岛东部。西与印度尼西亚的伊里安查亚省接壤，南隔托雷斯海峡与澳大利亚相望，属美拉尼西亚群岛。境内有600多个岛屿，主要岛屿有新不列颠、新爱尔兰、布干维尔和曼纳斯等。

大约在5万年前，新几内亚岛上就留下人类的航海足迹。约公元前7000年，新几内亚居民开始垦荒造田，种植可食用的植物，驯化和养殖野生动物，圈养家禽。并开始穿越海洋探寻新的陆地，逐渐迁移到新不列颠岛、新爱尔兰岛及所罗门群岛的部分岛屿定居。

美拉尼西亚青年

进入16世纪后，到过巴布亚新几内亚的先后有葡萄牙人、西班牙人、英国人和法国人。到了18世纪末期，英国、荷兰、德国、澳大利亚开始对此地实施占领。到第二次世界大战时被日本占领，后来被美国和澳大利亚联军收复。1949年澳大利亚将原英属和德属的两部分合并为“巴布亚新几内亚领地”，1973年12月起实行自治，1975年9月16日独立。

巴布亚新几内亚的全国人口中90%以上属美拉尼西亚人

当地儿童的头发也都细软和自然卷曲

“巴布亚”一词源自马来语，意为“卷发的人”。16世纪初，葡萄牙人H. 梅内塞斯在由马来半岛至香料群岛的航程中来此躲避暴风，见岛上土著人浓密的头发呈自然卷曲，遂以“巴布亚”命名。16世纪中叶，西班牙人I. H. 雷特斯远航抵达新几内亚岛北岸，见当地土著人与非洲几内亚人相似，便起了“新几内亚”的名字。

巴布亚新几内亚有着悠久的历史文化，当地原住民崇尚美好，将自己的生活与自然界万物紧密联系在一起。这里的人们千百年来最崇拜的是一种被称作“天堂鸟”的珍稀鸟类——极乐鸟。

巴布亚新几内亚约有1300种鸟类品种，约占世界鸟类品种的13%，而其中最美丽独特的就是极乐鸟。

极乐鸟又名天堂鸟、太阳鸟、王凤鸟、女神鸟，可以说人们将所有好听的名字都给了极乐鸟，其实这一点也不过分。极乐鸟是世界十大奇异鸟类之一，堪称华美之鸟、帝王之鸟，是世界上著名的观赏鸟。极乐鸟共约40种，其中有30余种生活在巴布亚新几内亚，因此这里被称作“极乐鸟的故乡”。

极乐鸟长年生活在茂密的热带雨林里，全身绚丽多彩的羽毛，硕大艳丽的尾翼，高贵典雅。腾空飞起有如满天彩霞，流光溢彩。求偶时翩翩起舞的姿态宛若精

①多数家庭还过着传统的部落生活

②③佩戴天堂鸟羽毛头饰的部落人

树根下取水

灵，极为动人。出双入对的极乐鸟更是十分恩爱。自古以来当地人都深信，这种鸟是来自天国的神鸟，能保佑他们幸福吉祥。

伴着华贵美丽的极乐鸟生活是巴布亚新几内亚人最引以为自豪的事。极乐鸟已成为这里的国鸟，他们的国旗、国徽、航空公司、邮政以及国内很多商品均用极乐鸟做标志。

世界各地很多人都对美丽的极乐鸟充满了梦想，而且能有幸来到巴布亚新几内亚的游人最急切的也是渴望亲眼看到极乐鸟。

但是美好的愿望往往很难实现。

来后我们才知道，极乐鸟的美丽已经给它带来了灾难。由于数百年来欧洲贵族妇女和巴布亚新几内亚的土著人都以极乐鸟的漂亮羽毛做头饰或帽子，大量的极乐鸟被猎杀。一位部落长者的头饰至少要用 15 只以上的极乐鸟羽毛。

虽然当地政府和原住民开始注意保护并制止捕杀鸟类的行为，但有十余种极乐鸟已经灭绝了。

如今的极乐鸟已成为珍稀鸟类，不少品种甚至在岛上的原始森林中都很难觅到。

在天堂鸟的家园难见天堂鸟——美丽带来的悲哀！

梦幻世界的一层阴影

按原计划，到达巴布亚新几内亚的第一站停靠码头应为莫尔兹比港。莫尔兹比港是巴布亚新几内亚的首都，也是该国的最大港口。莫尔兹比港是个美丽的城市，有国家博物馆、国家图书馆、艺术展览馆、首都植物园、国会大厦等旅游景点。在那里还可以看到当地一处重要的标志性建筑——中国援建的韦盖尼体育中心。但由于首都地区社会治安状况不好，从游客的安全角度考虑，我们停靠的第一站临时调整为离首都莫尔兹比港不太远的另一港口城市阿洛陶，据说此处的治安情况相对好一些。但是我们几天中还是反复被提醒不要带贵重财物外出，更不要单独外出，防止被偷盗或抢劫。

阿洛陶海滨

阿洛陶位于米尔恩湾北岸，自1968年起这座城市就是米尔恩湾省的首府。二战期间的太平洋战争中，日军第一次被澳新军团击败就发生在米尔恩湾。

阿洛陶港一面是美丽的米尔恩海湾，另一面是连绵的丘陵雨林，植物茂盛，各种鲜花争香斗艳，拥有天然的自然美景。

①阿洛陶海滨的“姊妹石” ②③港口附近热带雨林中的人们

与美好景观形成巨大反差的是港口周边一大片用木板或铁皮搭建的简陋的民宅，炊烟袅袅，妇女在烧柴做饭，一丝不挂的孩子们跑来跑去，见到我们使劲地招手，不少男人则站在屋前或坐在树旁发呆。待我们走近时，或礼貌地打个招呼，或用一种特殊的眼神凝视着我们。

我们每到一处，都有警察或保安人员跟随，不禁使人对当地的社会治安状况又有了几分担忧。

当地的道路年久失修，坑洼不平，基础设施也较落后。巴布亚新几内亚的经济发展缓慢，由于人口的快速增长，大量乡村人口向城市地区流动，一方面破坏了千百年来传统的部落文化和族群纽带关系，一方面大批游民在城市或市郊占地搭建临时住房，不仅影响了城市环境，而且由于不能提供相应的就业岗位，导致犯罪增多，整体社会治安情况日益恶化。

同当地人接触后，还了解到比社会治安恶化更严重的是艾滋病在这里日益蔓延。第一例艾滋病病人是在 1987 年发现的，自此艾滋病在巴布亚新几内亚迅速

阿洛陶街景

传播，目前全国约有数万人受到感染，其中已死亡6000人，还留下数千孤儿。这个国家迄今各个年龄段的人群以及所有地区都发现有艾滋病感染者，使人闻之色变！

世界上绝美的巴新竟然成了南太平洋艾滋病形势最为严重的地区，这是我们来之前万万没有想到的，也使这次旅途突然增添了沉重的疑问和话题。

艾滋病给我们最后的行程蒙上了一层阴影。由于巴布亚新几内亚是个人口年轻化的国家，人口急剧增长，19 岁以下人口占全国总人口的 51%，但是处在原始部落经济向现代化社会迈进的初级阶段，人口受教育程度不高，尤其是待就业年龄段的青年普遍为文盲，缺乏防范艾滋病的知识。在全国艾滋病易感人群中，年轻女性居多，主要原因是：当地早婚早育的社会陋习；女性是暴力的受害者；年轻女性受到性侵害的几率高；家庭中女子没有土地、地位低下、无权拒绝丈夫的性要求，更不能要求丈夫带安全套，等等。

巴布亚新几内亚的法律禁止卖淫，但是由于经济贫困，家庭无力支付学费让子女接受教育，大批女孩为生活所迫从事性服务工作，流动性大，又缺乏医疗保障。同时，这个国家强奸、轮奸、性暴力等居高不下的性犯罪率以及事实上的一夫多妻和多性伙伴现象等，都助长了艾滋病的蔓延。

虽然巴布亚新几内亚对此情况采取立法、成立专门管理机构、依靠教会指导人们防范、在学校设置课程进行教育以及医疗预防等一系列措施，但艾滋病不断蔓延仍是严峻的现实。

当晚我们回到船上，周围的天色提前黑下来，很快窗外便是沙沙的雨声，而且雨越下越大。黑黑的雨幕中，只有码头依稀的照明灯及远处街上一两处霓虹灯在闪烁。随着越来越多外来文化的渗透，这个国家的年轻一辈正在遗弃族群传统习俗，融入一种与之大相径庭的生活方式，是喜？是忧？

不停顿的雨声，仿佛是大海的叹息……

晚 10 时，邮轮在黑暗中启航。此后两天我们都在巴布亚新几内亚境内活动。

天亮后，雨后的朝霞将云彩和海水都染成了红色。但愿这红红的朝霞能给这个年轻国家的未来发展带来好运。

在美拉尼西亚人的日常生活中，舞蹈是他们相互交流、表达情感的一种主要方式。表演者往往以五彩缤纷的极乐鸟羽毛做头饰，不停地敲打空肚鼓等乐器，载歌载舞，如同天堂鸟一样为命运拼搏，追求快乐、自由和美好的未来

塞皮克河孕育的原始艺术

像崇拜神圣美好的天堂鸟一样，巴布亚新几内亚人崇尚大自然和一切美好的事物。

巴布亚新几内亚有着太平洋岛屿中最大的热带原始森林，还有全球最大的河流系统——塞皮克河等几条大河及无数支流、湿地、湖泊。千百年来，这些河流和森林孕育了许许多多村庄部落和珍贵的原始文化艺术。

由于岛屿众多，部落分散，形成语言多样、文化多元的现象。除了官方语言英语和多数地区较为流行的皮金语，全国不到700万人中，各种地方语言竟有820余种。许多部落不同的文化传统也造就形式各异、多彩多样的美拉尼西亚文化艺术，这种多样性的文化艺术在世界上都是少有的。各部落、各民族的艺术如音乐、舞蹈、绘画、雕刻、建筑、服饰、礼仪、民俗等，如果细致划分，大概能分出近200种。

我们在巴布亚新几内亚的村庄、港口及街头等地，几次看到当地男女表演的具有浓厚的生活气息的音乐和歌舞。这里的人们大多能歌善舞，虽然随着旅游者的增多，有的表演融入了一些现代元素，但仍然保留着的古老的仪式、原始的服饰、朴实无华的旋律与动作及发自内心的真实美感，无不产生强烈的感染力。

这些土著艺术家们赤脚在碎石地上的歌舞更加打动我们。无论男女老少，他们都以质朴的肢体和眼神传情，体现出对世间万事万物的爱憎情感。音乐舞蹈之于他们如同生命本身。在歌舞中可以寻索欢乐，也可以沉淀悲伤；可以表达对自然、苍天之敬畏，也可以演绎生命的节奏、昭示精神世界之丰赡。

塞皮克河流域

在原始社会中，众多部族之间的争斗曾影响着当地人的正常生活。后来，除了各个部落内部在重要场合仍举行古老的庆祝仪式外，

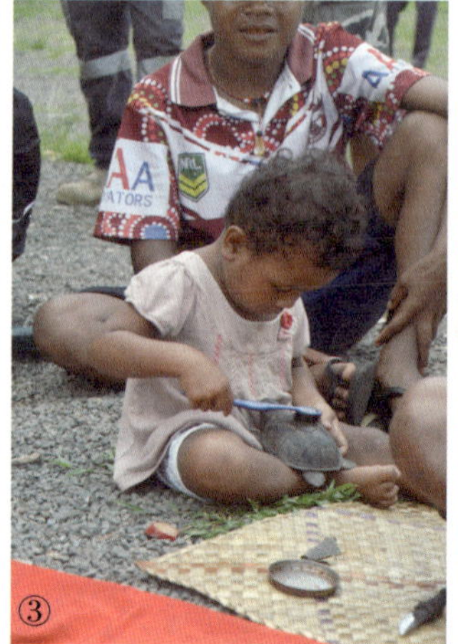

①校园里敲击的铸铁大钟 ②卡梅仑中学教室立柱上简洁质朴的雕刻
③传承木雕艺术从娃娃抓起 ④木雕艺术品市场的交易

部落之间也开始举办文化节，届时来自各地区、各部落的歌舞艺人穿戴风格各异的传统服饰，竞相展示本地区、本部落的艺术精华，用远古留下的传统文化将不同部落的原住民聚合起来，使美拉尼西亚民族得以与周遭的世界、与从古至今漫长的时空紧密相连。

与音乐歌舞相同，木雕艺术也是美拉尼西亚人重要的文化符号。由于新几内亚地区的居民较早完成了从依赖大自然提供食物到进行定居农耕生产的转变。因而也较早出现了更多的人类文明。所以，依靠热带雨林提供的取之不竭的原材料，雕刻、编织等艺术也有着悠久的历史。经过数百年的发展，塞皮克河流域不少乡村土著艺术家和工艺师创造了一大批达到很高艺术水准的木雕

编织草裙和筐子

作品。但随着近百年来欧洲人争相到来，许多当地最好的木雕艺术品已经流失到海外，有一些世界著名的雕刻作品已陈列在外国的博物馆里。

尽管这样，今天还有不少人在继续传承着本土的木雕艺术。我们在离港口较远的一个很大的艺术品市场和几家艺术品商店都看到不少风格迥异的木雕和手工艺品。

①靓丽的背影 ②③④⑤赤脚在碎石上表演歌舞

在这个海滨艺术品市场，有一个现象引起我们的疑问。与刚刚去过的农副产品市场相比，这里的人多得令人吃惊！几乎每个木雕艺术品摊位都围着不少当地人。仔细观察才知道这些人不是在买卖，而是在观赏。

摊位上，摆放着表达人类和自然万物关系的图腾木雕，或是当地种类最多的鳄鱼及其他动物木雕，有的当地人还在摊位旁边持雕刻工具继续雕刻着手中的作品。从雕刻者及身后本部落本族人们的神态中能够感觉到，这不是简单的商品买卖，而是在观赏、参与一个代表本部落的艺术生命的孕育和诞生过程。

虽然多数木雕价格不菲，但精美的艺术品还是很快被人选走。当一件木雕艺术品成交的时候，立即能看到摊主和周围土著人那一张张真诚的铜黑色脸庞上洋溢着满足感和幸福感。

美是不可被湮没和磨灭的，即使在贫穷的国度里。

部落里的少女们（蔡光　摄）

惊世骇俗的“食人族”

在文学作品中读到过的大洋洲海岛上有“食人族”，这种令人毛骨悚然的部落是否真的存在？

好奇心的驱使让我们参观当地博物馆和边远部落时多次带有此疑惑。

在阿洛陶的部落里，终于听到了关于真实的食人族的故事。

由于巴布亚新几内亚陆地大、岛屿多，众多的部落被长期封闭在深山幽谷和热带雨林中，有着各自独特的传统习俗。那些自古以来就生活在一些偏远角落的部落，存在同类相食的习俗并非耸人听闻。

在较长的时期，海岛上资源有限，能捕捉到的动物也很少，再加上部落的人们生性好斗，又有着极强的领地意识，因此部落之间经常发生纷争，有时甚至为一头牲畜就能挑起一场剑拔弩张的部落械斗。

当时，有着食人习俗的部落如果打死了对方的人，或者抓到俘虏，就会将

空肚鼓艺人

土著少年

远古的符号（蔡光 摄）

他们吃掉。

至于这些部落为什么会有令人不可思议的野蛮传统习俗，除了由于食物匮乏，吞食人肉为了充饥和滋养身体外，陪同的当地人向我们介绍说，有的食人族部落将自己的敌人当作猎物吃掉，是为了捕捉灵魂，获得死者的威力，以补偿自己部落在战争中失去的勇士。而且，在很多部落看来，人肉是神赐予的食物，食人是人与神交流的形式，象征着战胜对方和统治对方。

食人的现象不仅发生在部落间的纷争，也发生在与邻国的冲突中。据国外的史料记载：1878 年，邻国斐济的一名官员和三名传教士来到巴布亚新几内亚一个小岛传教时，惨遭当地部落人屠杀，这个部落里的人也像对待战争中的敌人或俘虏一样，将四人的尸体煮熟后吃掉……

惊世骇俗的“食人”现象在一些边远部落持续了数百年后，直到近几十年这一野蛮习俗才逐渐杜绝。2007 年 8 月 15 日，巴布亚新几内亚一个食人部落举行了数千名村民参加的仪式，为祖辈在 19 世纪吃掉了四名斐济人的行为当面向斐济派来的高级代表道歉。

也许是出于让这一段不光彩的历史赶快消逝的良好愿望，我们在当地的博物馆和正式资料上没有看到关于“食人族”的图片或文字记载。

但是不论这种行为源自宗教迷信，还是食物匮乏，同类相食的习俗已经逾越了人类文明的道德底线，在它彻底消失之时应该留下历史的真实记忆。

阿洛陶的塔瓦利海岸洞穴里，现在还遗留着一些人的头骨骷髅，吸引了不少外来游人入洞探究……这些骷髅与那一段阴暗的历史有无直接联系，当地陪同人员没有说明，看来只好留待考古学家和人类学家去考证了。

（上图）绘画　（下图）骷髅洞穴（王甄莹　摄）

随时可能喷发的火山

清晨，我们乘车去看拉包尔城附近的塔乌鲁火山，那是一座随时都可能喷发的活火山。对于我们这样人生第一次能够近距离接触火山的游人来说，应该算作是充满刺激性的探访。

地球上大约有1500座活火山。大多数活火山位于环太平洋海岛，它们被称作“太平洋的火环”。火环上的活火山在历史上突如其来的爆发曾摧毁大片土地，造成大量人员伤亡，甚至改变了地质结构或全球的气候模式。公元前69000年，苏门答腊岛上的多巴火山喷出约2800立方千米的凝灰岩，其冲击波遍及全球。由于火山灰的浓云在高层大气中多年挥之不去，阻挡了阳光，引发了地球上长达六年之久的冬季，导致了许多动植物种类的毁灭，而且几乎造成原始人类灭绝。之后又有无数次火山爆发也给地球的部分地区造成相当大的破坏。特别是近数百年间，包括塔乌鲁火山在内的一大批环太平洋火山已进入喷发的活跃期。如菲律宾群岛上的塔阿尔火山在过去500年内喷发了30次。即便是相对平静的夏威夷群岛上的基拉韦厄火山自

树根铺成的攀山小路

火山下的人们

20世纪70年代以来也喷发了数次，摧毁岛上房屋，造成许多人流离失所。

我们向塔乌鲁火山进发。车轮下是成片的黑色土壤，这是火山喷发后的遗存。拉包尔城周围是一个大型破火山口，其东部边缘已经被海洋淹没。由于火山的猛烈大爆发使得其岩浆房内的岩浆被“清空”，然后上覆岩和碎片会下沉充填到岩浆房，结果就在地表形成“陨石坑”形状的破火山口。拉包尔一带破火山口形成于3000年前左右，火山爆发后的边缘出现了很多火山通道和火山锥，包括塔乌鲁火山锥。

向火山口进发

（上图）这个洞口曾是“二战”时的战场之一
（中图）战争遗迹
（下图）火山旁的池塘

车开到山顶，脚下应该是新不列颠岛的最高处。我们下车，远眺俾斯麦海。约1400年前，一座古老的火山完全沉没，形成目前壮观的海湾和天然港口。蔚蓝色的海湾、银白色的海港、碧绿色的群山以及深灰色的火山锥构成一幅美妙绝伦的画卷。谁能想到，眼前这美不胜收的景色，曾无数次被岩浆、地震和战火吞噬……

我们继续向塔乌鲁火山口进发。据科研人员测定，塔乌鲁火山仍处在活跃期。虽然表面暂时沉寂，但它喜怒无常、脾气暴躁，可能随时喷发，而且最近一次喷发就在两年前。

车接近塔乌鲁火山口，进入黑土地上的一片荒草丛，偶尔也能在岩石的夹缝中发现一两棵绿色植物。

远处突然冒出一缕浓烟，而且越来越大。

车上有人惊呼：“是不是火

山又要爆发了？”我们这些人的心情顿时紧张起来。

坐在车前排的当地女向导侧头笑着告诉我们：这是村民用烟熏的办法捕捉飞禽和野兽。

惊恐解除了，又不免使人担心起极乐鸟们的命运。

没有道路，车不能再往前开。已经到达寸草不生的地方。我们下车向塔乌鲁火山锥攀登。

一条弯弯曲曲的小溪流入离我们脚下不远的池塘。褐色池塘里的水清澈见底，不断地冒着热气腾腾的水泡，据说池塘里的水温平时总是七八十度。

在与火山亲密接触之前，总将它想象得非常火热，一旦靠近，势必会有纵身火海、即刻被岩浆吞没的危殆。然而，当你走在火山锥半腰，真正用身躯触摸塔乌鲁火山时，却发现这里如此沉寂，只能在脑海中冥想地下岩浆爆发时的汹涌喷薄之势。

站在足以仰望火山口的黑色岩石上，周围的空气很热很热。

向导是一位棕黑肤色、头发卷曲、不算年轻的美拉尼西亚女士，她好心并坚决地劝阻我们不要再往前走，提醒大家如再靠近就会非常炙烤了。

站在这里确实已经使人感到火山不可抗拒的巨大威力！

下山时，历次火山喷发的岩浆冷却后形成的黑色岩石随处可见，也有一片片黑色土壤。经过一大片高低不平、遍布荒草的黑色土地时，女向导告诉我们：这个地方原来是酒店、商铺，十分繁华，现在全被喷发的火山灰覆盖了，变成了遗址。

在遗址不远处，竖立着不少白色十字架。

再往山下走，陆续看到略显荒芜的地方已有新的树木。火山喷发所带来的火山灰质土壤极富营养，会使得植被重新恢复勃勃生机。

女导游指指车窗外说：鸡蛋花是火山爆发后第一个重新生长的植物。

近百年中拉包尔遍布火山、地震和战争遗址。一位妇女在灾害遗址旁徘徊

一座令人肃然起敬的小城

小雨淅淅沥沥下个不停，但此时的小雨并不影响我们从火山下来后急切去探访拉包尔城的好奇并有几分敬意的心情。

如果不是这次远航，我们可能永远不知道更不会留意“拉包尔”这个只有几万人口的小城。

拉包尔城在新不列颠岛东北端，三面临俾斯麦海。这座小城从 1910 年之后曾是新几内亚的首府。

拉包尔小城周围环绕着多座随时可能喷发的火山

拉包尔城周围有众多活火山，以塔乌鲁为代表的古老的火山经过数万年休眠期后，自 20 世纪初以来进入活跃状态。1937 年 5 月的火山爆发导致 571 人死亡和拉包尔全城大部分建筑被毁，一座城市瞬间被岩浆包围，变成一片废墟。于是，新几内亚首府便从拉包尔迁移到更安全的莱城。直到二战结束时才搬回此地。

二战期间，拉包尔曾是美军和日军反复争夺的要地。地处太平洋西部海运和航空中心的重要战略位置，拉包尔于 1942 年 1 月底被日军占领，最多时有 11 万日军在此驻扎，日本陆军第八方面军司令部和海军东南方面舰队司令部均驻扎在此地。1943 年 4 月 18 日，日本海军联合舰队司令长官山本五十六就是从拉包尔机场起飞，最终走上不归之路。在日本等国的历史资料中拉包尔被译为“腊包尔”。1943 年 11 月，美军对拉包尔实施空袭，日军的军事基地设施基本被炸毁，舰艇被迫撤至特鲁克岛。但直至 1945 年 8 月日本无条件投降后，日军才最终从拉包尔撤走。

1971 年，受火山爆发影响，拉包尔又遭受强烈地震的破坏。

火山近在咫尺

火山石旁的孩子

1994 年，拉包尔附近的塔乌鲁火山、伏尔甘火山和拉巴兰卡亚火山一起喷发，几乎再一次摧毁了整个拉包尔城，全城 80%以上的房屋都被埋葬在厚厚的火山灰下，连机场的建筑也只露出瞭望塔的顶部。火山喷发后，新不列颠省首府只好又从拉包尔迁往了 20 公里外的另一个城市科可波。

2014 年 8 月，塔乌鲁火山再次喷发，并引起地震。

由于已有国家火山监测站对火山异常活动的观测和预警，数万居民及时疏散撤离，1994 年和 2014 年两次火山喷发没有造成严重的人员伤亡。

除火山、地震外，拉包尔还多次遭受海啸、飓风的袭击……

这个近百年来遍布战争残骸和各种自然灾害的遗存、几次近乎从地球上消失的城市能否涅槃重生？

老城早已被埋葬在岩浆和火山灰下面，如今的拉包尔已是一座新城。据说几天前，附近的火山又有一些蠢蠢欲动的迹象，好在当地已建立的观测站每天都在观察火山的变化，防止它会突然毫无节制地再次对人类爆发出毁灭性的打击。

离码头不远就是市中心。漫步于雨中的拉包尔，岁月遗留的火山灰痕迹和气味似乎已被雨水濯洗得干干净净。不算太平整的路面两旁都是新的房屋，最高的也只有两层，便道种满了各种高高的树木和五颜六色的鲜花。路上不少当地人仍在雨中行走，老人和妇女打着伞，小伙子和孩子像平时一样若无其事地在雨中踱步，雨滴顺着他们的头发和脸颊淌下来，也不去擦，大概他们已习惯了自然界的一切。

几家大小超市、快餐店和农产品市场仍然人来人往，雨雾朦胧中，灯光明亮的商店格外醒目。我们随着人流走进一家较大的超市，准备购买一种天堂鸟牌的咖啡豆，据说这是巴布亚新几内亚最好的咖啡。

超市里各种日用品齐全，有不少当地人在选购，两个收款台都忙着结账，只有老板薛先生和另一位保安站在门口。薛先生家乡是中国福建，四年前来到这里开了超市。

这里的中国人非常少，遇到同胞当然

慈祥的目光

十分亲热。薛先生告诉我们，天堂鸟牌咖啡主要是出口换汇，当地人习惯喝三合一速溶咖啡，也用来招待客人和馈赠亲友。他推荐我们购买了一种当地生产的三合一速溶咖啡。

话题很快聊到当地的火山。薛先生告诉我们，他到这里的第二年就赶上了，那是他第一次看到火山爆发。附近的火山从凌晨 3 时突然开始喷发，光芒四射的火焰射向天空，照亮了城市和半个岛，空气中到处弥漫着呛人的岩浆灰。随着岩浆喷发，大地轰鸣震动，超市的房屋和货架也摇晃不停，货物都从货架上散落下来。当时城中大部分人已都疏散撤离，薛先生和一些男人留下来看护商店。这次岩浆喷发，一直到第二天中午才逐渐平息。

说着，薛先生还掏出自己的手机，让我们看他当时拍摄的火山喷发时的场面。

薛先生说，火山喷发平息之后，当地人们不约而同地回来整理家园，上班上学。大家似乎已经摸透了周围火山的脾气性格，照样淡定、乐观地生活。

从超市出来，我们又走进一家手机商店。巴布亚新几内亚网络不太发达，上网很贵，手机店里也销售 VCD 光盘。几名黝黑皮肤、穿着时尚的男女青年正在挑选光盘，据说欧美音乐和菲律宾电视剧的 VCD 盘在此销路很好。

超市老板薛先生用手机拍下的 2014 年 8 月火山喷发时夜晚和白天的场景

回来的路上，雨已经停了，路旁高大的植物上落下的雨滴以及街旁小店房檐的串串雨丝淌在脸上、身上，舒适宜人。雨后的小城一切显得那么恬淡平静。

穿过城中一个花园，雨

火山下的人们更加热爱生活

后的鲜花更加艳丽。透过淡淡的云雾，能隐约看到不远处深灰色火山的轮廓。

火山和鲜花，一个意味着灾难及毁灭，一个象征着希望和欢乐。在这座城市，两种截然不同的力量交织，共同孕育出了别样的风景……令人肃然起敬的拉包尔小城！

南太平洋之行最后一站仍停靠在北马里亚纳群岛的首府塞班岛。伴随着意大利歌曲《告别时刻》的响起，邮轮从塞班港再次缓缓启航。像之前离开每个港口一样，我们依旧感觉还荡漾在那充满激情的海岛家园。

之后三天航程中气温骤降，当得知舱外温度从30摄氏度猛然跌至零下3摄氏度时，才真正意识到自己回到了地球的北端，已经离南太平洋越来越远了。

告别冬天里的夏天，刚刚离开的南太平洋群岛使人梦绕魂牵。人类从海洋中来，又不断回归海洋。海洋以它博大的胸怀拥抱着一切，拥抱着那一个个珍珠般的海岛。从太空中拍摄的图片看，南太平洋的岛屿只有仅仅不到百分之一的陆地面积，但那里却保留着地球上最独特的原始森林和生物种类，保留着人世间最质朴的信仰和自然的本源。可以想象，倘若没有这些岛屿，南太平洋不会如此多彩绚丽，更不会如此神秘。

回首遥望天际……泪奔。

神秘的南太平洋群岛，渴望有一天再去拥抱你，抚摸你的椰果细沙、五彩海浪、梦幻珊瑚，观赏百鸟飞翔……聆听海岛码头古老的土著音乐和邮轮启航曲的交响：

是该告别的时刻了
那些我从未看过
从未与你一起体验的地方
现在我就将看到和体验
在那越洋渡海的船上
在那不再存在的海洋
我将与你同航……

后记

人的一生总有几次难忘的经历，此次南太平洋之行就是一次使人终生难以泯忘的旅行。高层次的旅行，不仅要让旅游者达到旅行的长度，还要使旅游者得到旅行的宽度和厚度。在当今国人比历史上任何时候都需要了解和认识外部世界之时，“走向深蓝”更是许多人的向往。面对未知的大洋和海岛，有魄力的组织者——凯撒旅游，不仅精心设计了各个海岛上更远更极致的探险路线，而且在邮轮上办起了“大学”，用南太平洋地理、历史等多方面的知识开阔了旅游者的视野。它为我们打开了探索未知世界的大门！

走向海岛深处，在那些没有机场，甚至连大船都不能靠岸的岛屿上，在不少很难有岛外人造访的部落村庄，我们从最初的猎奇进入深度的观察思考……海岛上的一块块珊瑚石竟然能挖掘出深邃的历史，一张张土著人的质朴脸庞能审视到千百年的文化内涵。旅行的本质就是不断学习探索未知的世界，让灵魂与身体同步。面对着高大椰树剪影下落日的余晖，我们萌发了一个念头：写一本书，让灵魂跟上我们的脚步，让更多的人分享南太平洋海岛美妙神奇的风光，感受与世隔绝千年的部落人那渐行渐远的古老习俗和独特的传统文化。

在撰写书稿的过程中，热心的朋友给了我们很多支持。感谢刁小菊、艾冬云、刘玉平、江丽芝、熊黑钢、巴图、周浩、马力、陈丹丹的帮助；感谢张学启、佟蕾、蔡光、李艳芬、王甄莹、王金峰、李兴、浩天为本书提供了照片。

汤加王国、瓦努阿图共和国两国驻华大使馆的大使阁下，凯撒中国创始人、凯撒旅游总裁陈小兵先生分别为本书作序，在此一并致谢。

此次去南太平洋临行时，找到一本20年前从书市购得的世界知识出版社出版的《各国概况：大洋洲》一书。正是这本小册子作为此行的工具书始终陪伴我们走进各个海岛。真有不解之缘，回来后我们将写成的书稿及拍摄的图片又发给了世界知识出版社，很快被世界知识出版社列入出版计划，经过王瑞晴和蔡金娣两位编辑的倾心编排，使此书在凯撒首次包船赴南太平洋探秘周年之际得以问世。